高等院校安全工程专业教材

系统安全工程

陈文瑛　马舒琪　李媛媛　主编

中国劳动社会保障出版社

图书在版编目（**CIP**）数据

系统安全工程 / 陈文瑛，马舒琪，李媛媛主编 . 北京 : 中国劳动社会保障出版社，2024. -- ISBN 978-7-5167-6748-1

Ⅰ. X913. 4

中国国家版本馆 CIP 数据核字第 2024LX2066 号

中国劳动社会保障出版社出版发行

（北京市惠新东街 1 号　邮政编码：100029）

*

北京市鑫霸印务有限公司印刷装订　　新华书店经销

787 毫米 ×1092 毫米　16 开本　14 印张　219 千字

2024 年 11 月第 1 版　　2024 年 11 月第 1 次印刷

定价：39.00 元

营销中心电话：400-606-6496

出版社网址：https://www.class.com.cn

前　言

系统安全工程课程的核心内容是以事故预防和预测为目的，以识别、分析、评价和控制安全风险为重点，开发、研究出来的安全理论和方法体系。通过此课程的学习，学生深入理解系统安全工程的基本知识，掌握概率风险分析等建模方法，理解通过模型计算对复杂工程问题进行风险分析与评价的全过程，从而具备识别各行业中的危险、有害因素，并能够对其进行评价及提出有效控制措施的能力。本课程不仅是安全工程专业本科生的必修专业基础课，也是众多高校安全科学与工程学科硕士和博士入学考试的重要内容，同时还是我国注册安全工程师和安全评价师考试的内容之一。

编者基于 20 多年给本科生讲授系统安全工程课程的经验编写了本教材，内容强调理论与实践紧密结合，关注当前系统安全工程学科基础理论及前沿拓展，应用领域侧重化工安全、道路运输安全和城市公共安全方向。本教材针对安全科学与工程本科教育的实际情况，培养学生具备从事专业科研活动、生产工作必备的基础，使其掌握各种系统危险分析方法及其在安全工程中的应用，尤其是过程系统安全评价的方法。

本教材的内容共有十章，绪论部分主要介绍一些基本概念及其之间的联系与区别，第一章到第八章是几种基本的系统安全分析和评价方法，其中第三章可靠性分析主要是结合经典的可靠性分析理论，对系统故障引起的安全性问题进行介绍，第九章安全评价主要介绍如何应用前面各章节给出的方法进行实际生产生活中的危险性分析与评价，第十章给出了一些应用近些年出现的评价模型和方法开展系统安全分析和评价的实例，以供读者选读和参考。

本教材的编写工作中，马舒琪主要负责第五章事故树分析和第六章事件树分析内容的编写，陈文瑛主要负责其他章节内容的编写以及全书大纲整体设计，李媛媛主要负责案例和习题的收集整理。特别感谢参与第十章中项目研究工作的朱琳、徐聪慧和邵海莉，同时也感谢对初稿提出宝贵意见的徐景德、张奇、樊运晓、许素睿等几位专家，另外也感谢对成稿认真校对和参与编辑工作的王爽、马萌荟和袁芳同学。

由于编写水平有限，教材中难免存在错误和不足，恳请广大读者批评指正，以使本教材更趋完善。

编者

2024 年 6 月

目 录

绪　论

我们生活在一个由系统和风险构成的世界中。例如，房子是一种系统，汽车是一种系统，输电网络也是一种系统，飞机是在运输系统和全球空管系统内运行的系统。系统已经成为现代生活必不可少的组成部分。

系统的存在及其技术的发展也使我们面临事故风险，系统会发生故障或其他问题，从而导致财物损坏和人员伤亡。系统因部件故障、人员失误或环境问题等因素导致人员伤亡、财物损失或其他不良后果的可能性就是事故风险。例如，交通信号灯故障是一种风险，由此可能导致汽车相撞的事故。然而，汽车、道路系统和信号灯组成一个日常使用的系统，由于它风险小，所以人们可以接受这个潜在的事故风险。房间中的燃气管道可能发生故障或爆炸也是一种风险，它能造成房屋起火燃烧或更严重的事故，但是因为燃气管道的益处远大于事故发生概率使得人们可以接受而被广泛使用。

完全消除全部风险状态的“绝对安全”是不可能的，人们总是在系统的益处和它所带来的风险之间进行权衡。在使用系统之前，就应考虑消除和减少事故风险。系统安全着眼于评价风险，并由适当的决策机构来决定是否接受系统风险水平。当系统采取了合适的控制措施来控制风险即实现了系统安全时，事故风险通常在当下经济、社会条件下是可以接受的。

系统安全工程的核心内容是以防止事故为目的，以识别、分析评价和控制事故风险为重点，开发、研究出来的安全理论和方法体系。编写本书的目的就是让读者更好地理解系统风险并掌握识别、评价系统风险的工具和技术，以便在系统设计和运行过程中有效地控制风险。

为了使读者对系统安全工程的全貌有基本的了解，本绪论的第一节紧密围绕系统安全工程的起源文件《系统安全大纲》中关于系统安全过程、系统寿命周期的概念等内容进行了重点介绍，第二节内容则重点厘清了危险、事故、损失和风险的关系并给出了危险致因因素模型。这些基本知识将会在后面系统安全分析和评价方法的章节中被提及和使用。另外，有学者将系统安全分析和评价方法分为两大类，即定性分析方法和定量分析方法，因此，在第三节重点介绍了这两类分析方法的含义、区别及其适用条件，以使读者明确各方法的适用性。

第一节 系统、系统安全和系统安全工程

一、系统

“系统”的概念，来源于人类社会的实践经验，是在长期社会实践中不断发展并逐步形成的。一般系统论的创始人奥地利生物学家贝塔朗菲指出：“系统的定义可以确定为处于一定的相关关系中，并与环境发生关系的各组成部分的总体。”我国著名科学家钱学森对系统的定义为：“把极其复杂的研究对象称为系统，即由相互作用和相互依赖的若干组成部分合成的具有特定功能的有机整体，而且这个系统本身又是它所从属的一个更大系统的组成部分。”虽然对于系统的概念有多种理解，但其基本意义大致相同，即系统是由相互作用、相互依赖的若干组成部分结合而成的具有特定功能的有机整体。

客观世界是由各种大大小小的系统组成的，系统是一种由若干元素组成的集合体，用于完成某种特殊功能。组成系统的要素或者子系统又由一定数量的元素组成，各有其特定的功能和目标，它们之间相互关联、分工合作，以达到整体的共同目标。例如，科学技术系统包括七个基本要素，即机构、法、人、财、物、信息和时间，这些要素集合在一起的共同目标是多出成果，快出人才，推动国民经济向前发展。而科学技术系统本身又是人类社会经济大系统的一个组成部分，或者说是一个子系统。系统的特征有整体性、目的性、阶层性、相关性、环境适应性以及动态性。

二、系统安全

系统安全是对系统、子系统、设备、材料和设施在开发、测试、生产、使用和

处置过程中，面临的系统、人员、环境及健康事故风险的管理过程，其目的是保护生命、系统、设备和环境，其基本目标是消除导致人员伤亡、系统损失、环境破坏的危险。现代系统，特别是人－机－环境交互干涉系统，已经非常复杂，为了有意识地防止事故发生，就需要实施系统安全过程。能源材料自身的危险性、环境的影响以及操作要求的繁复性都增加了系统的复杂性。此外，还必须考虑硬件故障、人为差错、软件接口（包括程序错误）和环境的多样性。

系统安全工程（system safety engineering）产生于20世纪60年代初期的美英等工业发达国家。1957年，苏联发射了世界上第一颗人造地球卫星，美国为了夺回空间优势，匆忙进行导弹技术开发，实行研究、设计和施工齐头并进的方法。由于对系统的可靠性和安全性研究不足，在导弹系统研发过程中仅仅一年半的时间就连续发生四起重大事故，造成惨重损失，从而迫使美国空军以系统工程的基本原理和管理方法来研究导弹系统的安全性、可靠性。1962年，美国军方首次公开发表了《空军弹道导弹安全系统大纲》，以此作为对民兵式导弹计划有关的承包商提出系统安全的要求，这是系统安全理论的首次实际应用。1969年，美国国防部批准颁布了最具有代表性的系统安全军事标准《系统安全大纲》（MIL–STD–822），此后这个标准不断被修订，在世界安全和消防领域产生了巨大影响。这就是由事故引发的军事系统的系统安全工程标准，该标准也成为系统安全理论和思想产生的文本雏形和基础。

在《系统安全大纲》中，将系统安全定义为：贯穿系统寿命周期各阶段，在系统使用效能以及适应性、时间和费用等条件约束下，应用工程和管理的原理、准则和技术，使得系统达到可接受的事故风险水平。其中的含义包括：运用科学和工程原理及时识别危险，并采取一些措施预防或控制系统中危险；利用数学以及其他学科领域中的专业知识和专门技术，结合工程设计与分析的原理和方法，确定、预测、评价、记录系统的安全性；安全性设计是安全使用的先决条件。

三、我国系统安全工程发展历史沿革

在我国，系统安全工程研究是从20世纪70年代开始的，天津东方化工厂应用系统安全工程成功地解决了高度危险企业的安全生产问题，为我国各个领域学习、应用系统安全工程起了带头作用。1976 年，我国引进系统安全工程的研究方法；1980 年，中国科学院组建了系统工程研究所，随后又成立了中国系统工程学会，不少大学设置了该专业课程。20 世纪 80 年代初期，系统安全工程开始在我国广泛传播和应用，通过吸收、消化国外的安全检查表和安全分析方法，在机械、冶金、化工、航空、航天等行业的有关生产经营单位开始应用安全分析评价方法，如安全检查表、事故树分析、故障类型及影响分析、事件树分析、预先危险性分析、危险与可操作性研究、作业条件危险性评价等。石油、化工等易燃、易爆危险性较大的生产经营单位，还应用美国道化学公司火灾、爆炸危险指数评价方法进行了安全评价。1982 年，北京市劳动保护研究所召开了系统安全工程座谈会，首次组织了全国性的对系统安全工程的研讨，这次会议为我国开展系统安全工程的研究与应用打下了良好基础。

20 世纪 80 年代中后期，人们的研究注意力逐渐转移到系统安全评价的理论和方法上，开发了多种系统安全评价方法，特别是企业安全评价方法，重点解决了对企业危险程度的评价和企业安全管理水平的评价问题。1985 年，中国劳动保护科学技术学会管理科学专业委员会成立，并建立了系统安全学组，该学组以系统安全工程为中心进行开发研究和推广应用等活动，为学科的发展和推进作出了贡献。2012 年，教育部颁布《普通高等学校本科专业目录（2012 年）》，将安全科学与工程本科专业升级为一级学科。这些都为普及和推广系统安全工程知识、推进现代安全管理创造了有利条件，同时也为创新推出适合我国各行业发展的系统安全工程理论和方法打下了良好的人才基础。

四、系统安全过程

实现系统安全需要系统安全过程。系统安全过程是一种规范化的过程，通过消除危险或降低危险而有意识地将安全性设计到系统中，是在系统寿命周期内，通过有意识地把事故的可能性降低到可接受的水平，以达到挽救生命和财产损失的过程。系统寿命周期一般包括方案设计、初步设计、详细设计、试验、制造、使用和处置等阶段。正如墨菲定律所揭示：“任何可能出错的地方都将会出错。”系统安全过程的目的就是发现在什么时候、什么条件下会出错（在其发生之前），于是制定控制措施阻止其发生或降低其发生的可能性，通过识别和减少危险得以实现系统安全。

系统安全过程可以用危险控制的闭环过程（见图 0–1）来表达。这是一个事故风险管理过程，其中通过危险识别、危险风险评价以及对风险不可接受的危险进行控制而获得安全。这是一个闭环过程，在这个过程中，分析和跟踪危险直至采取可接受的闭环措施并得到风险验证。为了在系统设计过程中就优化系统设计方案，而非在系统研制完成后再被迫更改设计，这个过程应与系统实际研制过程相结合。

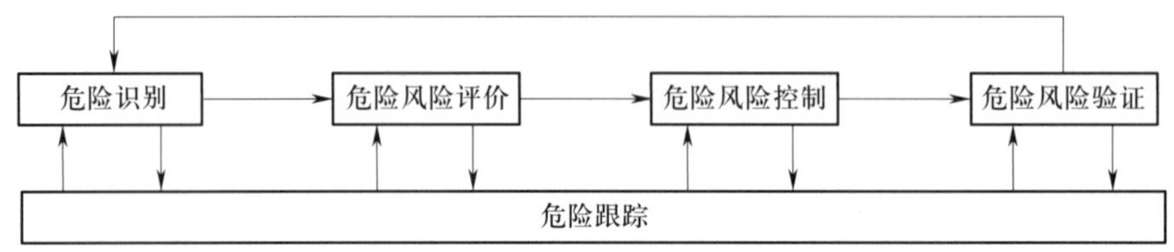

图 0–1　危险控制的闭环过程

系统安全包含了一个系统寿命周期的整体技术实现过程，它的出发点是事故的预防措施应尽早开展并持续到系统使用寿命终止的理念。通常，将安全性措施设计到装备中的经济投入，要比在装备已经制造完成或投入使用后再增加安全措施的经济投入少得多，且更为有效。经验表明，不管《系统安全大纲》多么有效，在一个新设计的系统中总有一些危险无法检测出来。因此，在整个系统寿命周期中，必须有效地实施《系统安全大纲》，以确保一旦出现安全问题就能被识别出来，并采取恰当措施来控制风险。

系统安全过程的关键是对危险的管理。为了有效地控制危险，人们必须理解危险、事故的形成机理以及危险识别方法。本书的目的就是让读者更好地理解危险并掌握用于识别危险的工具和技术。当危险被识别和理解后，才能被正确地消除或降低。

五、系统寿命周期

系统寿命周期包括一个系统从方案设计到报废处置所经过的实际阶段，一般可总结为五个阶段，即方案设计、研制与试验、生产、使用、报废处置。系统安全工作项目都是围绕这五个阶段计划和开展的。为主动将安全性设计到产品中，有必要从方案设计阶段就开始项目安全过程并一直贯穿于整个系统寿命周期。

1. 第一阶段：方案设计

方案设计阶段包括根据可行性、费用和风险等方面条件，对一个可能的系统方案进行确定和评价。在这个阶段，需要确定项目的目标、设计要求、功能和预期结果，并概略地设计出系统基本框架，包括子系统的设计草图以及它们之间的交互方式。同时，安全性设计也需关注系统中必须使用的危险部件和功能。

2. 第二阶段：研制与试验

研制与试验阶段包括设计、研制和试验实际系统。其中，研制从初步任务贯穿到详细任务。在初步设计阶段，主要任务是把初始方案转化为可行的设计方案，此时需要关注危险的系统设计、危险的部件 / 材料以及最终可能导致事故的危险功能，并研究消除或降低这些危险的措施。到了详细设计阶段，则要关注在系统寿命周期内会导致事故的危险设计、故障模式和人为差错。系统的试验阶段包括对设计的验证和确认试验，以确保所有系统设计要求都能得到有效实现。在此阶段，系统安全关注与试验相关的潜在危险和在试验中识别的额外系统危险。

3. 第三阶段：生产

在生产阶段，最后批准的设计被转化为可使用的最终产品，系统安全主要关注安全生产过程、人为差错、工具、方法和危险材料。

4. 第四阶段：使用

在使用阶段，最终产品被用户应用到实际的工作中。该阶段包括使用和保障功能，如运输 / 装卸、储存 / 配载、改进和维修等。使用阶段可能持续多年，而产品的性能和技术也会在该阶段中升级。对系统的安全使用和保障是这个阶段重点关注的问题，其中的安全工作包括操作者的行为、硬件故障、危险的系统设计、安全设计更改和系统升级。

5. 第五阶段：报废处置

报废处置阶段是产品使用寿命的终结。伴随着产品使用寿命的终结，该阶段涉及对系统全部或个别要素的报废处置，包括淘汰、分解和退役等工作。安全的拆卸过程和危险材料的安全处置都是这个阶段要关注的重点工作。

一般情况下，系统寿命周期的这些阶段都是按顺序发生的，有时在实际工作中也会并行地、螺旋地或递阶地开展以便缩短研制过程。但是，无论产品研制采取顺序过程、并行过程、螺旋过程还是递阶过程，系统寿命周期阶段基本保持不变。

第二节 危险、事故、损失和风险

一、安全与危险

安全与危险是一对互为存在前提的术语，安全是指免遭不可接受危险的状态，安全程度用安全性指标来衡量。在《系统安全大纲》中，危险被定义为能够导致人员伤害、疾病、死亡、系统设备或财产损失、环境破坏的任何实际或潜在的状态。人们在现实生活中，始终面临着大量的危险，如自然灾害的伤害、生产过程中的事故等。危险性是对危险系统的客观描述，说明危险的相对程度。

如前所述，安全性是一种必须有意识地设计到产品中的系统属性，在系统方案设计阶段对安全性采取主动的预防措施要比事故发生之后再去弥补安全特性更为有效，系统安全工作是一种先期投资以避免潜在事故导致的未来损失。危险分析为系统安全提供了基础，用于确定系统危险的重要程度，并制定消除或降低已经识别危险的设计措施，还用于系统性地检查系统、子系统、设施、部件、软件、人员等以及它们的相互关系。为了有效地开展危险分析、理解风险的构成，怎样识别危险是非常关键的，研究危险和事故致因因素的识别方法、理解风险的本质、厘清危险和事故以及风险的关系是非常必要的。

二、事故原理

宏观地讲，风险是指在特定客观情况下、特定期间，某一事件的实际结果与预期结果间的变动程度，变动程度越大，风险越大；反之，则越小。风险是由多种要素构成的，这些要素共同作用决定了风险的存在、发生和发展。

一般认为，风险是由危险源（风险因素或其组合）、事故和损失构成的，三者之间的关系如图 0–2 所示。可见，风险因素或其组合（即危险源）是造成事故和损失的根本原因和间接原因。例如，不合格的建筑材料是导致建筑物倒塌事故的风险因素，人的疲劳状态是导致车祸发生的风险因素；事故是指在生产活动过程中发生的一个或一系列非计划的（意外的）可导致人员伤亡、设备损坏、财产损失以及环境破坏的事件；在安全生产的风险管理中，损失是指非故意的、非计划的和非预期的经济价值的减少。

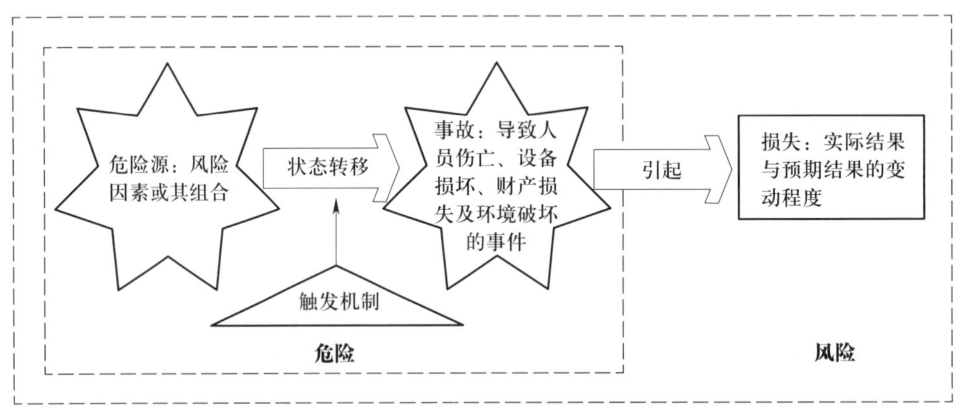

图 0–2　危险源、事故和损失的关系

从图 0–2 中可以看出危险源、事故、损失与风险之间的关系：危险源和事故通过状态转移相连，危险源位于左端的“潜在状态”，在一定触发机制下，“潜在状态”转变为“现实事件”（事故）。也就是说，事故是现实危险的直接结果。风险通过损失表现出来，事故发生的可能性决定了损失发生的可能性，事故发生的不确定性决定了风险所致损失的不确定性。风险的特征有客观性、普遍性、社会性、不确定性、可测定性和发展性。

危险源是一种风险因素存在的状态，风险因素可以是物质性风险因素如危房、悬崖等，也可以是人为风险因素如违章操作等。物质性风险因素存在是系统所处的不安全状态，可以运用精确的数据描写，如可以用悬崖的高度来精确表达它的危险程度，随着高度的增加，越来越危险。描述风险的常用数学工具是概率论。例如，当一个人站在悬崖边上，就产生了坠崖的可能性，即面临着坠崖的风险。他稍一疏忽或受到外力的作用，就有可能从悬崖上掉下来。

风险一般可以定义为：

$$风险 = 可能性 \times 严重程度$$

其中，风险的可能性是危险要素发生并转变成事故的概率，风险的严重程度是事故所导致的总的损失后果，而可能性和严重程度可以用定性或定量的方式进行确定和评价。例如，一个人自一个城市去另外一个城市，选择哪种交通工具发生意外事故的风险比较大，可以用事故发生可能性和事故的严重程度来衡量，就飞机和高铁比较来说，前者一旦发生事故则事故严重程度比较大，而后者发生可能性比较大，具体哪种交通工具的风险更大，则需要综合考量这两个方面因素。

在美国学者埃里克森所著的《危险分析技术》中，对危险做了明确说明：危险是指一个只包含导致事故的必要元素的实体。因此，危险是事故的必要条件和结果或影响，包括如下三个具体要素：

（1）危险源。危险源是构成危险的基本因素或其组合，如系统中使用的爆炸物。

（2）触发机制。触发机制是引起事故发生的触发或引发事件，使得危险从潜在的状态向实际事故状态实现或转变。

（3）受害对象。受害对象是易受到伤害和/或破坏的人或物或环境，其伤害和/或破坏程度体现了事故的严重程度。

上述三个要素构成了危险，如图0-2所示，其中受害对象（人或物或环境）被包含在事故中。危险存在的前提是三个要素必须都具备，去除任何一个要素就可以消除危险而无法造成事故：减小触发机制的可能性，则事故发生可能性就会降低；减少危险源或受害对象的要素，事故的严重程度就会降低。危险的这一特性在决定从哪里着手降低系统危险性时是非常有用的。

这里以“工人接触高压电电气面板上裸露的触点而触电”为例，来说明危险的构成要素。电气面板带有高压电是危险源，工人接触电气面板上的裸露触点是触发机制，而工人是最终的受害对象。在这个例子中，实际包含了两个触发机制：“接触”和“电气面板上的裸露触点”，受害对象“工人”确定了事故后果，而危险源和受害对象相结合确定了事故的严重程度。如果高压电部件能够从系统中排除，这个危险也就消除了；如果电压能够降低到较低的水平，则这个事故后果的严重性也就会降低。因此，危险源和触发机制可以称为危险致因因素。

安全性设计考虑不足的原因是由于不成熟的、不充分的设计或即使是良好的设计但由于实施错误造成的，其中包括没有充分考虑硬件故障、潜在通路、软件故障、人为差错以及类似问题的潜在影响等。危险致因因素能够解释某个特定危险如何存在于系统中，图 0–3 描述了完整的危险致因因素模型，该模型将事故原理的所有因素都关联在一起。危险的三个基本要素确定了事故，每个危险要素又可以进一步细分为主要的危险致因因素类别，比如触发机制要素可以分为硬件、软件、人员、接口、功能和环境。这些致因因素类别还可进一步细分到实际具体的详细原因，如硬件部件的故障模式。

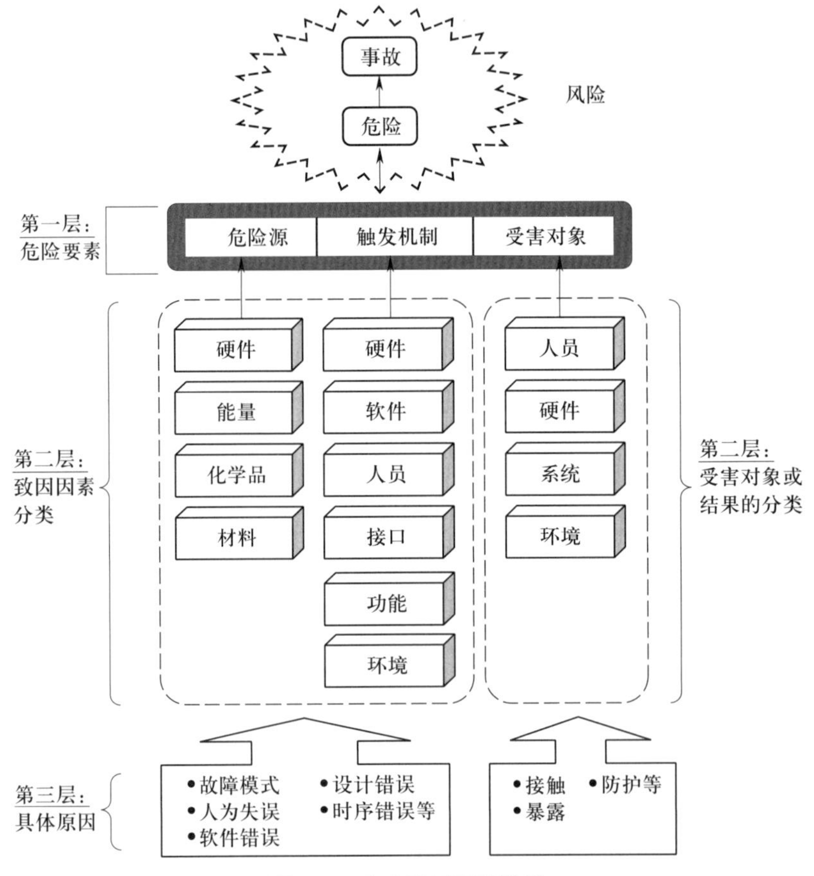

图 0–3　危险致因因素模型

顶层的危险致因因素类别确定了所有危险的根源。理论上讲，危险致因因素识别的第一步是确定危险要素类别，然后确定每种类别中的详细内容，如特定的故障模式、人为失误、软件错误等。

第三节 定性分析方法和定量分析方法

决定风险大小的基本因素是事故发生可能性和事故严重程度的两个方面。确定已识别危险的风险，就需要用风险分析方法来分析其可能性和严重程度。定性分析方法和定量分析方法都已在系统安全学科中得到发展和应用，每种都包含固有且独特的优点和缺点。

定性分析方法涉及在分析中定性准则的使用，通常使用类别划分来区分不同的参数，通过为每个类别规定范围来给出定性的定义，以定性判断某些事物可能属于哪一类别。该方法具有主观性，但是更通用化，因此有较小的限制。在《系统安全大纲》中给出了主观的类别划分，为事故发生的最合理可能性提供了一种定性度量方法。例如，如果分析人员评价事件频繁发生，则该事件归类为等级 A；如果评价事件只是偶尔发生，则该事件归类为等级 C。这种定性的指标一般用于定性的风险计算和评价。

定量分析方法是应用数值或定量数据以提供定量结果的。该方法具有更客观且更精确的特征，但应注意的是，定量结果可能会因输入数据的有效性和准确性而产生偏差。因此，定量结果不应被看作是精确数值，而应被视为依赖数据质量而对一个变化范围的估计。

表 0–1 给出了一些可用于判断定性和定量分析方法之间差异的特征。基于表中的特征，系统安全领域主要采用定性的风险特征方法来解决多数安全性工作。

表 0–1　定性分析方法和定量分析方法之间差异

序号	特征	定性	定量
1	数值结果	无	有
2	费用	低	高
3	主观 / 客观	主观	客观

续表

序号	特征	定性	定量
4	难度	低	高
5	复杂程度	低	高
6	资料	详细资料较少	详细资料较多
7	专业技能	少	多
8	所需时间	短	长
9	准确程度	低	高

对于一个危险源较多的大系统而言，由于费用高昂而无法对每一项危险都开展定量分析并预测风险，因此系统安全更适合采用定性的风险特征描述方法。另外，低风险的危险也不需要通过定量分析提供精确的结果，只需对筛选出的少量具有严重后果的危险开展定量分析。经验表明，定性分析方法是比较有效并且在很多时候可以提供与定量分析方法相媲美的决策依据。

当需要考虑费用和时间或者能够获取的支持数据较少时，定性的风险描述提供了一个非常实用和有效的方法。确定定性风险描述方法的关键是准确定义严重程度和事故可能性级别。

当对精度有要求时，定量风险分析方法显得非常有用，有时必须满足数值式的设计要求，则只有通过定量分析才能证明其满足要求。概率风险评价是一种估计事故风险概率的定量分析方法，对于具有严重后果的系统通常需要进行概率风险评价，以确定一个给定事故的所有致因因素和导致该事故发生的总体概率。

科学理论告诉我们：当某事物可以被（定量地）度量时，就能够对其有更多的了解，因此说数值结果提供了更高的价值。但有时定性判断能够在较短时间内和较少花费情况下提供有用的结果，而且在风险评价中，数值准确性并不总是必要的，当尚未很好地理解危险致因因素时，很难利用概率和统计学估计事故风险。此时，定性分析方法提供了有效的判定，而费用远低于定量分析方法，并且在系统寿命周期初期就可以进行。在系统安全过程中的通常做法是，首先定性地评价所有已识别的危险，然后，对于高风险的危险进行定量分析以获得更精确的认识。

在事故风险评价的任何评估中，都要提出关于度量和可接受的参数问题。有时，系统安全分析人员和管理者可能会乐于概率和统计而忽视了更简单也更有意义的工程过程，因此在开展工作之前，一定要充分理解不同方法的局限性和原理以及实际分析需求。在实践中，定量模型虽然是有用的，但并不等于只有数学模型才能得到真实的结果。

本章小结

本章为本书绪论，内容主要阐释了系统安全工程的核心内容和主要作用，给出了系统与系统安全、系统安全过程以及系统寿命周期的基本概念，之后阐述了危险、事故、损失和风险的关系，并给出了危险致因因素模型，最后论述了定性分析方法和定量分析方法的差异、联系以及各自的适用条件。

【延伸阅读】

一、钱学森与系统工程

钱学森（1911 年 12 月 11 日—2009 年 10 月 31 日），中国航天事业奠基人、国家杰出贡献科学家、两弹一星功勋奖章获得者。

系统工程这个术语的提出，最早可以追溯到20世纪40年代的美国贝尔电话实验室，20世纪50年代末，设备、工艺和产品越来越复杂，人们在开发和研制、使用和维护这些复杂系统的过程中，逐渐萌发了系统安全的基本思想。美国从20世纪40年代到同世纪60年代，在实施“曼哈顿计划”“北极星导弹”“阿波罗登月计划”以及20世纪70年代研制航天飞机计划的过程中，在计划、质量检验、可靠性评价和管理过程等方面都采用了系统工程方法，并创造了“计划评审技术”和“图解评审技术”，实现了时间进度、质量技术与经费管理三者的统一。

我国近代的系统工程研究可追溯到20世纪50年代。1956年，中国科学院在钱学森、许国志教授的领导下，建立了第一个运筹学小组。20世纪60年代，著名数学家华罗庚大力推广了统筹法、优选法。钱学森、许国志和王寿云在1978年9月发表了《组织管理的技术——系统工程》，首次在实践与理论层面对系统工程进行清晰梳理，开创了系统科学这一新兴学科。1979年，钱学森在《经济管理》杂志上发表了《组织管理社会主义建设的技术——社会工程》，将系统工程理论从具体的工程管理转向社会管理。20世纪80年代中期，钱学森以“系统学讨论班”的方式，经过长达7年的学术思考和实践探索，进一步完善了系统工程理论，构建了系统科学体系。自中国航天创建以来，管理体制历经调整与变化，研制任务不断更新换代，而系统工程方法始终是中国航天几十年管理实践不变的主旋律。

系统工程的核心在于通过有效组合不同学科的知识，运用数学方法和电子计算机等工具，对系统进行最优化设计、控制和管理。系统工程不仅应用于航天航空系统，还广泛应用于农业系统、经济系统、企业管理系统、科学技术管理系统、军事系统、生态环境系统、能源系统以及人才开发系统，已经成为研究复杂系统的一种行之有效的技术手段。

二、危险源、风险和隐患

如前文第二节所述，危险源是造成事故和损失的根本原因和间接原因。危险源包括第一类危险源和第二类危险源，其中的第一类危险源是可能发生意外释放的能量或能量载体，其决定了事故后果的严重程度，是导致事故发生的罪魁祸首，如带电导体、运转的设备、油库等；第二类危险源是不安全状态、行为，包括人的不安全行为、物的不安全状态、管理上的缺陷等，约束能量和有害物质的屏障失效会导致事故发生，如湿滑的地面、昏暗的光线等。

风险是在未导致人员伤亡、财产损失的情况下，人们对危险源可能造成的损失进行主观判断的结果，是一种可能性。安全风险强调的是损失的不确定性，包括发生可能性的不确定、发生时间的不确定、导致后果的不确定等。风险是人们在后果产生之前，基于现状、以往的经验等作出的主观判断或推测，因为一旦损失产生那就是事故或者事件，也就不能称之为风险了。风险是不能被完全消除的。

隐患这个概念是随着我国安全科学发展而产生的，目前它的定义出自《安全生产事故隐患排查治理暂行规定》，其中将安全生产事故隐患表述为生产经营单位违反安全生产法律、法规、规章、标准、规程和安全生产管理制度的规定，或者因其他因素在生产经营活动中存在的可能导致事故发生的人的不安全行为、物的不安全状态和管理上的缺陷。隐患实质是有危险的、不安全的、有缺陷的“状态”，这种状态可在人或物上表现出来，也可表现在管理的程序、内容或方式上。

隐患是第二类危险源，它将事故发生的可能性转变成为现实存在，是具体的、可以被消除的，因此，危险源、风险和隐患均可能导致事故发生，而隐患又是导致事故发生的直接原因，危险源和风险识别不到位、不全面则是事故发生的间接原因。例如，针对“高处整齐堆放的物料”这一危险源，若未能全面准确进行风险辨识，也未能进行定期监控，由于管理疏忽出现了“物料堆放不整齐”的现象即成为隐患，而对这一隐患又没有及时进行治理，导致了物料坠落砸伤下方过路人员，事故也就发生了。

复习思考题

1. 绝对的安全存在吗？

2. 什么是系统安全？

3. 危险、事故和风险有怎样的关系？

4. 构成危险的要素有哪些？

5. 系统安全工程的定性分析方法和定量分析方法之间的差异主要有哪些？

第一章
预先危险性分析

预先危险性分析（preliminary hazard analysis，PHA）又称为预先危险分析，是一种定性分析系统内危险因素及其危险程度的方法，是一项在无详细设计信息时识别危险、危险致因因素、风险水平并给出防治建议措施的系统安全分析工具。PHA 提供了一套识别和梳理系统危险的方法，并能根据系统寿命周期初期有限的设计信息，为系统设计制定最初的安全要求。PHA 的应用价值主要体现在项目研制过程中，能够尽早从安全性角度来考虑设计，为后续危险分析和安全性工作奠定坚实的基础。这种方法最早是由美国国防部发布的系统安全军用标准 MIL-STD-882 的制定人员正式提出并推广使用的，是《系统安全大纲》中的基本危险分析方法之一，其特点是比较简便易行，可用来分析各种类型的系统、设施、操作和功能，能分析单元、子系统、系统或集成系统。

第一节 PHA 的内容与步骤

一、PHA 的内容

PHA 是在每项生产活动之前，特别是在设计的开始阶段，对系统存在危险的类别、出现条件、事故后果等进行概略性分析，得出供设计者考虑的危险性一览表，并尽可能评价出潜在的危险性。PHA 的使用通常建立在初步设计方案的基础上，一般在系统研制过程的早期开展。

当有经验的系统安全分析人员将 PHA 应用于某个系统时，需要全面彻底地识别出系统中潜在的一般危险和高层次危险。因此，为了识别某一系统的危险，需要了解所研究系统的基本构成，并具备分析这一特定系统类型的相关经验。

PHA 的内容可归纳为以下四个方面：

（1）识别与系统有关的主要危险；

（2）鉴别、找出产生危险的各种可能原因；

（3）分析、预测事故出现会对人员、系统和环境产生的影响；

（4）提出相对应的消除或控制危险的措施。

二、PHA 的步骤

开展 PHA 的一般程序如图 1-1 所示，主要包括以下六个步骤。

1. 确定系统

本步骤主要任务是明确所分析系统的功能及分析范围。

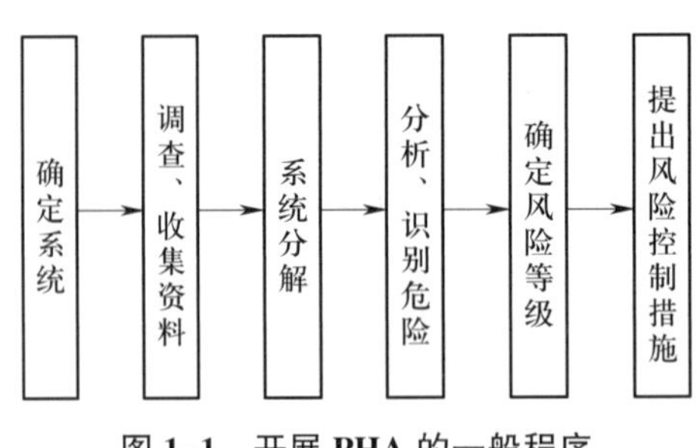

图 1-1 开展 PHA 的一般程序

2. 调查、收集资料

本步骤的主要任务是调查生产目的、工艺过程、操作条件和周围环境，收集设计说明书、本单位的生产经验、国内外事故情报以及有关标准、规范、规程等资料。

3. 系统分解

一个系统是由若干个功能（结构）不同的子系统构成，如动力、设备、燃料供应、控制仪表、信息网络等子系统，子系统同样也是由功能（结构）不同的部件、元件组成，如动力、传动和执行等部件、元件。为便于分析，本步骤的主要任务是按系统工程原理，将系统进行分解，画出功能（结构）分解框图，用于下一步分析和识别危险。

4. 分析、识别危险

分析、识别危险是 PHA 最关键的步骤，主要任务是识别与系统有关的主要危险，找出这些危险各种可能的致因因素，分析其导致事故的出现会对人员、系统和环境产生的影响。也就是说，本步骤要识别出系统的主要危险并找出各项危险的危险元素、触发机制和受害对象。

5. 确定风险等级

本步骤的主要任务是在确认每项危险之后，确定其导致事故发生的可能性和严重程度等级，即风险等级。MIL-STD-882 中建议的风险等级见表 1-1。

表 1-1　MIL-STD-882 中建议的风险等级

严重程度		可能性	
1	灾难的	A	频繁
2	严重的	B	很可能
3	轻度的	C	有时
4	可忽略的	D	极少
—	—	E	不可能

6. 提出风险控制措施

本步骤的主要任务是根据确定的风险等级，从软件（系统分析、人机工程、管理和规章制度等）、硬件（设备、工具等）两方面制定相应的消除危险性措施和防止伤害的措施，即风险控制措施。MIL-STD-882 建议的风险控制措施的优先顺序见表 1-2。

表 1-2　MIL-STD-882 建议的风险控制措施的优先顺序

序号	建议的风险控制措施
1	通过选择设计方案消除危险
2	采用安全装置
3	采用警告装置
4	制定专用规程并进行培训

通过以上分析步骤，整理分析结果可最终得到完整的 PHA 表格。PHA 典型工作表示例见表 1-3 ~ 表 1-5。

表 1-3　PHA 典型工作表示例 1

单元：　　　　　　编制人员：　　　　　　日期：

危险	原因	后果	风险等级	改进措施 / 预防方法

表 1–4　PHA 典型工作表示例 2

地区（单元）：＿＿＿＿＿＿＿　　会议日期：＿＿＿＿＿＿＿
图号：＿＿＿＿＿＿＿　　小组成员：＿＿＿＿＿＿＿

危险 / 意外事故：简要的事故名称	阶段：危害发生的阶段，如生产、试验、运输、维修、运行等	原因：产生危害的原因	风险等级：对人员及设备的危害	对策：消除、减少或控制危害的措施

表 1–5　PHA 典型工作表示例 3

系统：1　　子系统：2　　状态：3　　制表者：
编号：　　日期：　　制表单位：

潜在事故	危险因素	触发事件（1）	发生条件	触发事件（2）	事故后果	风险等级	控制措施	备注
4	5	6	7	8	9	10	11	12

注：
1——所分析子系统归属的车间或工段的名称；
2——所分析子系统的名称；
3——子系统处于何种状态或运行方式；
4——子系统可能发生的潜在事故；
5——产生潜在危害的因素；
6——导致产生“危险因素 5”的事件或错误；
7——使“危险因素 5”发展成为潜在危害的错误或事件；
8——导致产生“发生条件 7”的事件及错误；
9——事故后果；
10——风险等级；
11——为消除或控制危害所采取的措施，其中包括针对装置、人员、操作程序等各方面所制订的计划；
12——有关必要的说明。

第二节 PHA 应用实例

近年来，汽车自动驾驶技术得到了空前发展，体现为自动驾驶系统的软硬件高度集成，以支持实现全部动态驾驶任务。自动驾驶使得很大一部分驾驶错误从驾驶者转向了设计和制造自动驾驶汽车的生产者，其设计和生产的缺陷或将带来功能安全（软硬件失效）、预期功能安全（软硬件功能实现不足）、信息安全（遭遇网络攻击）等三种危险。技术工程师通过 PHA 方法对自动驾驶系的三种危险进行识别，结果见表 1–6。

表 1–6 自动驾驶系统的 PHA 危险识别结果

单元：自动驾驶系统　　编制人员：技术工程师　　日期：2023 年 8 月

危险	原因	后果	风险等级	改进措施 / 预防方法
软硬件失效	（1）传感器失效 （2）软件失效 （3）执行器失效 （4）计算平台失效 （5）通信失效 （6）产品设计制造不符合国家或行业标准	车辆无法正常行驶，会出现车损、人员伤亡事故	严重	（1）加强产品设计审查 （2）针对功能安全缺陷进行测试，基于硬件、软件、仿真平台进行故障模拟，通过实验观察和系统分析，评估系统存在故障时的容错性能
软硬件功能实现不足	（1）传感器感知性能不足 （2）自动驾驶感知、规划、决策、控制算法实现不充分 （3）可预见的人员误操作	自动驾驶的某些功能受限	中等	（1）构建自动驾驶场景库，对导致预期功能安全缺陷的触发条件进行测试 （2）对于可能的人员误操作进行测试，制定安全操作手册

续表

危险	原因	后果	风险等级	改进措施 / 预防方法
遭遇网络攻击	（1）通信协议漏洞 （2）数据校验缺失	车辆网络中断或信息泄露	低	构建针对特定组件的网络攻击模型，测试自动驾驶系统的信息安全缺陷

注：根据危险导致事故发生的可能性和严重程度，将风险划分为高、严重、中等、低四个等级。

第三节 危险识别方法

生产现场包含着来自人员、机器（物）和环境等多方面的危险因素，为确保系统安全，就必须分析和查找危险致因因素，并尽可能将其尽快消除或减少，将风险尽量降低，做到事前预防。因此，危险识别是系统安全工程中的关键内容，只有危险被准确、全面地找到了，并采取了相对应的风险控制措施，系统安全的目标才能实现。结合已有文献，以下介绍几种用于危险识别的典型方法。

一、对照表法

1. 实施过程

对照表法是在美国学者埃里克森所著的《危险分析技术》中给出的分析方法，其原理如图 1–2（a）所示。首先，根据系统分解的结果给出系统列表，包括硬件、能量源、功能和软件等各清单；其次，将每个清单中的项目与多种已有的对照表中的各个项目进行比对；最后，通过对两类表间每项内容的对照和组合，触发对潜在危险的推测结果，并将其汇总到 PHA 表中。这个对照过程可以有系统各部件与危险致因因素表的对照、系统各操作或软件功能与危险致因因素表的对照、能量源与事故类型的对照等，最后识别危险时要注意功能之间的联系、时间先后的关系。

图 1–2（b）所示为对照表法实例，这是一种核动力航母方案设计的系统安全分析。首先，根据设计和使用方案建立设备清单表；其次，将设备清单表中的设备与能源识别对照表、通用事故识别对照表进行比对；最后，通过对照和组合得到 PHA。例如，设备清单表中的“核反应堆”与能源识别对照表中的“热能”对照和组合，得到“反应堆过热”的危险；设备清单表中的“核反应堆”与通用事故对照

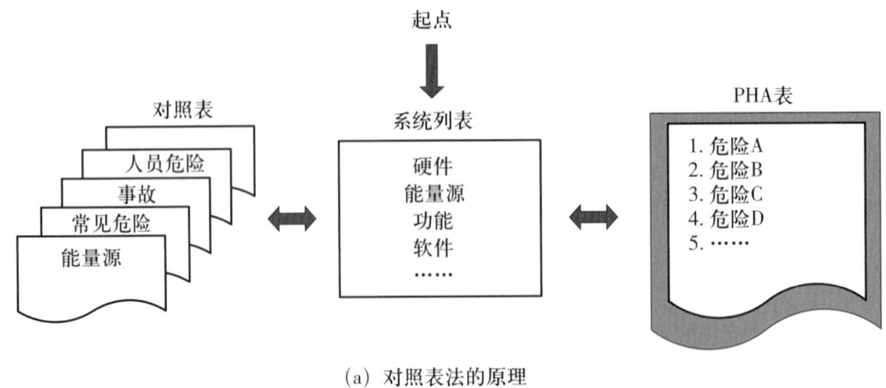

(a) 对照表法的原理

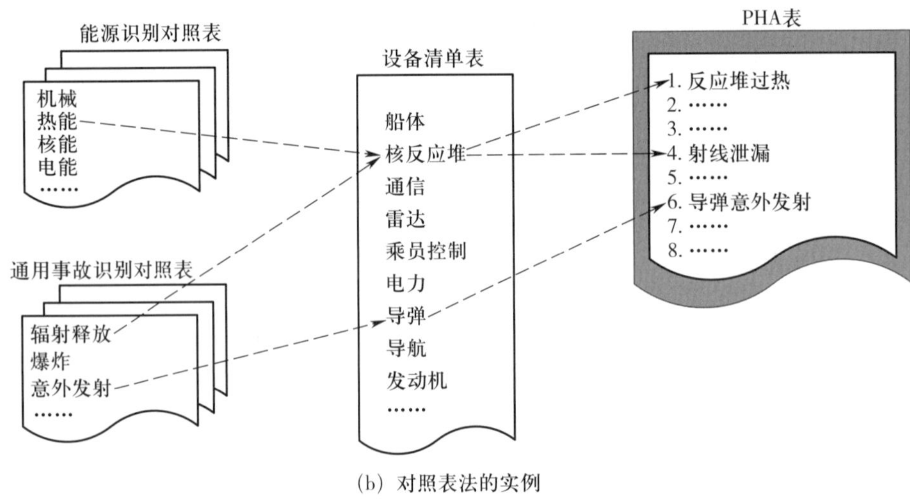

(b) 对照表法的实例

图 1–2　对照表法的原理及实例

表中的“辐射释放”组合出“射线泄漏”的危险；设备清单表中的“导弹”与通用事故识别对照表中的“意外发射”对照组合出“导弹意外发射”的危险。将这些危险汇总填写即得到 PHA 表中有关“危险”的栏目。

这样依次对照和组合的分析结果一定包含实际存在和怀疑存在的危险，识别出的危险也许会有重复，记录下所有潜在危险，即使有些危险之后被其他方法或实践证明是无意义的，但对于在系统设计阶段给出危险分析结果的需求来讲，这样的分析过程保证了危险致因因素的全面性和覆盖度。

2. 危险检查表

危险检查表是一种通用资源，有助于方便地识别危险。由于一种危险检查表不能充分地满足需求，因此有必要建立和使用多种不同的危险检查表，虽然这样会重复识别危险，但也会提高对危险要素的覆盖度。

表 1–7 ~ 表 1–9 是一些典型危险检查表示例。其中，表 1–7 是能源危险检查表示例，其中的危险可能来自各种能源的能量意外释放。例如，电能是一种能源，由不期望的电能释放导致的危险可以使人员触电、燃料或材料起火、向非预期电路供电等。

表 1–7　能源危险检查表示例

序号	能源危险源	序号	能源危险源
1	电能	7	腐蚀
2	原子能	8	放射线
3	机械能	9	热能和热辐射
4	势能和动能	10	声能
5	压力和拉力	11	化学能
6	燃料和爆炸	—	—

表 1–8 是通用危险检查表示例，列出了系统在特定状态下一些通用危险源会产生危险状态和潜在事故。其中一些危险源是针对某种危险场景所特有的，还有一些危险源是交错于多个子系统之间的因素共同导致的。

表 1–8　通用危险检查表示例

<table>
<tr><th>危险源</th><th>危险源</th><th>危险源</th></tr>
<tr><td>加速度
● 加速 / 减速
● 物体坠落
● 碎片 / 抛射物
● 碰撞
● 运动的机械装置
● 晃动的液体</td><td>● 潮湿
● 氧化
● 有机物（真菌 / 细菌等）
● 微粒
● 应力腐蚀</td><td rowspan="2">人机工程
● 疲劳
● 有缺陷的 / 不适当的控制 / 读数标签
● 有缺陷的操作台设计
● 强光
● 加热 / 通风与空气调节装置
● 难接近
● 不恰当地控制 / 读数分区
● 不恰当 / 不合适的照明
● 不恰当控制 / 读数位置</td></tr>
<tr><td>污染 / 腐蚀
● 化学分解
● 化学置换 / 组合
● 电解腐蚀
● 氢脆性</td><td>控制系统
● 不恰当的控制系统操作
● 不恰当的软件操作
● 干预控制系统
● 潜回路</td></tr>
</table>

续表

<table>
<tr><th>危险源</th><th>危险源</th><th>危险源</th></tr>
<tr><td rowspan="2">爆炸物
● 化学污染
● 粉尘爆炸
● 静电释放
● 爆炸液体、气体或蒸气
● 摩擦
● 高温／寒冷
● 湿度水平
● 碰撞／振动
● 闪电
● 粉末状形式存在的正常情况下非可燃性物料（粉尘、铝、镁等）
● 自燃
● 焊接
● 振动</td><td rowspan="6">电能
● 电弧
● 弯曲插头
● 绝缘体破坏
● 灼伤
● 电晕
● 返送电
● 电气噪声
● 电气滑脱
● 电磁干扰
● 过度焊接
● 接地
● 点燃易燃物质
● 不恰当的电气连接（不相配）与布线
● 不充分的散热
● 不小心激活
● 极性
● 绝缘不好
● 电力中断
● 触电
● 电击、断路
● 静电释放
● 杂散电流／电火花
● 不正确的电压、电流
● 感应或电容连接器
● 雷击
● 磁波
● 电气连接器不相配</td><td rowspan="3">原料
● 防护漆层不好
● 化合
● 可压缩／不可压缩流体
● 可燃物料
● 放热／吸热反应
● 卤族与其他氧化剂
● 缺乏弹性
● 润滑油
● 不相溶的原料或介质
● 聚合反应
● 溶剂余渣</td></tr>
<tr></tr>
<tr><td rowspan="2">火灾
● 化学变化（放热／吸热）
● 可燃物质、易燃气体
● 存在于压力与点火源下的燃料与氧化剂
● 压力释放
● 高热源</td></tr>
<tr><td rowspan="3">机械
● 破碎的表面
● 弹出零件／碎片
● 疲劳／周期应力
● 挠曲
● 摩擦面
● 滞后现象
● 提升
● 不精确
● 夹伤位置
● 旋转设备
● 锋利的边缘
● 稳定性差／有倒下的可能性
● 扭矩（过大／过小）
● 振动</td></tr>
<tr><td rowspan="2">人的因素
● 操作失败
● 粗心大意操作
● 操作时间太短暂／太长
● 过早／过晚操作
● 不按流程操作
● 操作失误
● 正确操作／错误控制</td></tr>
<tr></tr>
<tr><td>泄漏／溢出
● 粉尘
● 溢流
● 气体／蒸气
● 液体
● 多孔性
● 放射性泄漏
● 径流
● 固体</td><td>生命周期
● 维修
● 启动
● 稳定状态操作
● 压力操作
● 关闭（不期望的标准、紧急情况）</td><td>生理因素
● 过敏原
● 窒息
● 气压极限
● 致癌源
● 疲劳
● 刺激物</td></tr>
</table>

续表

危险源	危险源	危险源
● 提升重量 ● 诱变物质 ● 噪声 ● 伤人的粉尘 / 气味 ● 病原体 ● 辐射 ● 温度极限 ● 振动	气动 / 水压 / 真空 ● 回流 / 虹吸现象 ● 吹制物体 ● 爆炸 ● 气穴现象 ● 动压卸载 ● 液压捶打 ● 内破裂 ● 不适当的压力 / 流量卸载 ● 物料意外泄漏 ● 过压 / 没达到压力 ● 管道 / 容器破裂 ● 管子 / 软管突然移动 ● 系统中的压力 / 流体卷入 ● 快速压力改变	结构 ● 加速度（高 / 低） ● 空气动力 / 声负荷 ● 粗糙的焊接 ● 物料的脆性 / 展延性 ● 裂缝 ● 疲劳 / 周期应力 ● 负荷与非负荷承重途径 ● 应力集中 ● 振动 / 噪声
环境 / 天气 ● 雾 ● 杂质污染 ● 真菌 / 细菌 ● 湿度 ● 闪电 ● 外部对内部环境 ● 降落（雾、雨、雪、结冰、冻雨、冰雹） ● 辐射 ● 盐碱地 ● 沙子 / 灰尘 ● 温度极限（与变动） ● 真空	辐射 ● 电离（α 射线、β 射线、γ 射线，X 射线） ● 非电离（红外线、激光、微波、紫外线） ● 热辐射	温度 ● 改变结构属性 ● 压缩加热 ● 低温属性 ● 提高可燃性 ● 提高气体 / 液体压力 ● 提高反应力 ● 提高挥发性 ● 冰冻 ● 热源 / 散热片 ● 热 / 冷表面 ● 湿度 / 湿气 ● 焦耳热 ● 日光

注：该表引自 NICHOLAS J B.System safety engineering and risk assessment：a practical approach.Washington DC：Taylor & Rrancis，1997。

表 1–9 是故障模式或故障状态危险检查表示例。故障模式或故障状态是否危险，依据其所涉及的操作或功能的重要性而定。依据这类检查表可对部件、子系统或系统功能的状态进行提问，从而形成问题集，这些问题可以引出子系统或部件因故障而导致产生危险的潜在途径。例如，在评估部件的时候，回答“无法正常工作会导致危险吗？”就可以引出一个危险。应注意，当使用新的硬件单元或功能时，新的危险元素将会被带入系统中，就需要扩展和更新检查表。

表 1-9 故障模式或故障状态危险检查表示例

序号	故障模式或故障状态	序号	故障模式或故障状态
1	无法正常工作	5	无法停止工作
2	工作方法不正确 / 错误	6	接收错误数据
3	意外工作	7	发送错误数据
4	工作时间不正确（过早、延误）	—	—

二、危险、有害因素分类法

除了国外文献常用的对照表法外，我国大多文献使用更多的是危险、有害因素分类法。这里的危险因素是指能对人造成伤亡或对物造成突发性损害的因素，有害因素是指能影响人的身体健康、导致疾病或对物造成慢性损害的因素。在通常情况下，危险、有害因素主要是指客观存在的危险、有害物质或能量超过临界值的设备、设施或场所等。

危险、有害因素的分类方法主要有三种，分别是按导致事故的直接原因进行分类、参照事故类别进行分类、按《职业病危害因素分类目录》进行分类。

1. 按导致事故的直接原因进行分类

《生产过程危险和有害因素分类与代码》（GB/T 13861—2022）规定了生产过程中主要危险和有害因素的分类和代码。生产过程指劳动者在生产领域从事生产活动的全过程。该标准按可能导致生产过程中危险和有害因素的性质将其分为“人的因素”“物的因素”“环境因素”和“管理因素”四大类。

（1）人的因素。在生产过程中，来自人员自身或人为性质的危险、有害因素。

1）心理和生理性危险、有害因素。这类因素主要包括：负荷超限，含体力负荷超限、听力负荷超限、视力负荷超限等；健康状况异常；从事禁忌作业；心理异常，含情绪异常、冒险心理、过度紧张等；辨识功能缺陷，含感知延迟、辨识错误等。

2）行为性危险、有害因素。这类因素主要包括指挥错误，含指挥失误、违章指挥等；操作错误，含误操作、违章作业等；监护失误等。

（2）物的因素。在生产过程中，机械、设备设施、材料等方面存在的危险、有害因素。

1）物理性危险、有害因素。这类因素主要包括：设备、设施缺陷，含强度不够、刚度不够、稳定性差等；防护缺陷，含无防护、防护不当、支撑（支护）不当等；电危害，含带电部位裸露、漏电、电火花等；噪声，含机械性噪声、电磁性噪声、流体动力性噪声等；振动危害，含机械性振动、电磁性振动、流体动力性振动等；电离辐射，含 X 射线、α 粒子、β 粒子等；非电离辐射，含紫外辐射、激光辐射、微波辐射等；运动物危害，含抛掷物、飞溅物、坠落物等；明火；高温物质，含高温固体、高温液体、高温气体等；低温物质，低温固体、低温液体、低温气体等；信号缺陷，含无信号设施、信号选用不当、信号不清等；标志标识缺陷，含无标志标识、标志标识不清晰、标志标识不当等；有害光照；信息系统缺陷，含数据传输缺陷、自供电装置电池寿命过短、防爆等级缺陷等。

2）化学性危险、有害因素。这类因素主要包括：理化危险，含爆炸物、易燃气体、易燃气溶胶等；健康危险，含急性毒性、皮肤腐蚀 / 刺激、严重眼损伤 / 眼刺激等。

3）生物性危险、有害因素。这类因素主要包括：致病性微生物，含细菌、病毒、真菌等；传染病媒介物，含致害动物、致害植物等。

（3）环境因素。存在于生产作业环境中的危险、有害因素。

1）室内作业场所环境不良。这类因素主要包括：室内地面湿滑；室内作业场所狭窄；室内作业场所杂乱；室内地面不平；室内梯架设缺陷；地面、墙和天花板上的开口缺陷；房屋基础下沉；室内安全通道缺陷；房屋安全出口缺陷；采光照明不良；作业场所空气不良；室内温度、湿度、气压不适；室内给水、排水不良；室内涌水等。

2）室外作业场所环境不良。这类因素主要包括：恶劣气候与环境；作业场地和交通设施湿滑；作业场地狭窄；作业场地杂乱；作业场地不平；交通环境不良，含巷道狭窄、有暗礁或险滩，其他道路、水路环境不良，道路急转陡坡、临水临崖；脚手架、阶梯和活动梯架缺陷；地面及地面开口缺陷；建（构）筑物和其他结构缺陷；作业场地地基下沉；作业场地安全通道缺陷；作业场地安全出口缺陷；作业场地光照不良；作业场地空气不良；作业场地温度、湿度、气压不适；作业场地涌水；排水系统故障等。

3）地下（含水下）作业环境不良。这类因素主要包括：隧道/矿井顶板或巷帮缺陷；隧道/矿井作业面缺陷；隧道/矿井底板缺陷；地下作业面空气不良；地下火；冲击地压（岩爆）；地下水；水下作业供氧不当等。

4）其他作业环境不良。这类因素主要包括：强迫体位；综合性作业环境不良；以上未包括的其他作业环境不良。

（4）管理因素。在作业过程中，因管理和管理责任缺失所导致的危险、有害因素。

1）职业安全卫生管理机构设置和人员配备不健全。

2）职业安全卫生责任制不完善或未落实，包括平台经济等新就业形态。

3）职业安全卫生管理制度不完善或未落实。这类因素主要包括：建设项目“三同时”（即建设项目的安全卫生防护设施应当与主体工程同时设计、同时施工、同时投入生产和使用）制度；安全风险分析管控；事故隐患排查治理；培训教育制度；操作规程；职业卫生管理制度等。

4）职业安全卫生投入不足。

5）应急管理缺陷。这类因素主要包括：应急资源调查不充分；应急能力、风险评估不全面；事故应急预案缺陷；应急预案培训不到位；应急预案演练不规范；应急演练评估不到位等。

2. 参照事故类别进行分类

《企业职工伤亡事故分类》（GB 6441—1986）是一部劳动安全管理的基础标准，适用于企业职工伤亡事故统计工作。该标准综合考虑导致事故的起因物、引起事故的诱导性原因、致害物和伤害方式等，将企业职工伤亡事故类型划分为20类，具体如下：

（1）物体打击。物体在重力或其他外力的作用下产生运动，打击人体，造成人身伤亡事故，不包括因机械设备、车辆、起重机械、坍塌等引发的物体打击。

（2）车辆伤害。企业机动车辆在行驶中引起的人体坠落和物体倒塌、飞落、挤压伤亡事故，不包括起重设备提升、牵引车辆和车辆停驶时发生的事故。

（3）机械伤害。机械设备运动（静止）部件、工具、加工件直接与人体接触引起的夹击、碰撞、剪切、卷入、绞、碾、割、刺等伤害，不包括车辆、起重机械引起的机械伤害。

（4）起重伤害。各种起重作业（包括起重机安装、检修、试验）中发生的挤压、坠落、（吊具、吊重）物体打击和触电。

（5）触电。包括雷击伤亡事故。

（6）淹溺。包括高处坠落淹溺，不包括矿山、井下透水淹溺。

（7）灼烫。指火焰烧伤、高温物体烫伤、化学灼伤（酸、碱、盐、有机物引起的体内外灼伤）、物理灼伤（光、放射性物质引起的体内外灼伤），不包括电灼伤和火灾引起的烧伤。

（8）火灾。造成人身伤亡的企业火灾事故，不适用于非企业原因造成的属于消防救援部门统计的火灾事故。

（9）高处坠落。在高处作业中发生坠落造成的伤亡事故，不包括触电坠落事故。

（10）坍塌。物体在外力或重力作用下，超过自身的强度极限或因结构稳定性破坏而造成的事故，如挖沟时的土石塌方、脚手架坍塌、堆置物倒塌等，不包括矿山冒顶、片帮，以及车辆、起重机械、爆破引起的坍塌。

（11）冒顶片帮。矿井工作面、巷道侧壁由于支护不当、压力过大造成的坍塌，称为片帮；顶板塌落称为冒顶。两者同时发生称为冒顶片帮。

（12）透水。矿山、地下开采或其他坑道作业时，意外水源带来的伤亡事故。

（13）放炮。爆破作业中发生的伤亡事故。

（14）火药爆炸。火药、炸药及其制品在生产、加工、运输、储存中发生的爆炸事故。

（15）瓦斯爆炸。可燃性气体如瓦斯、煤尘与空气混合形成的混合物接触火源时，引起的化学性爆炸事故。

（16）锅炉爆炸。锅炉发生的物理性爆炸事故。

（17）容器爆炸。压力容器破裂引起的气体爆炸，属于物理性爆炸。

（18）其他爆炸。凡不属于上述爆炸的事故均列为其他爆炸。

（19）中毒和窒息。包括中毒、缺氧窒息、中毒性窒息。

（20）其他伤害。凡不属于上述伤害的其他伤害均列为其他伤害。

3. 按《职业病危害因素分类目录》进行分类

按照2015年国家卫生计生委、安全监管总局、人力资源社会保障部和全国总工会联合颁发的《职业病危害因素分类目录》，将职业病危害因素分为粉尘、化学因素、物理因素、放射性因素、生物因素和其他因素共六大类，详细种类可查询该目录，进行危险识别时也可依据这种分类方法进行。

本章小结

本章针对PHA的基本内容、分析步骤以及危险识别方法进行了讨论。PHA是针对原料、装置等发生危险的可能性及后果，按规定表格填入危险的原因、后果和控制措施，得出供设计者考虑的危险性一览表。PHA所需资料一般有物质理化特性数据、危险源检查表、设计说明书、生产经验、国内外事故情报，以及有关标准、规范、规程等，特别是类似系统、设备的资料。PHA适用范围在项目设计开发阶段，便于系统早期识别危险，避免以后走弯路。

PHA的优点在于实施起来简单快捷，开展分析不需要太多的技术经验，能够给出系统的主要危险和事故风险存在区域。

复习思考题

1. PHA的适用条件和范围是什么？
2. 危险识别的方法主要有哪些？
3. 我国危险、有害因素的分类标准有哪些？是如何分类的？
4. 请针对城市公交车火灾事故开展PHA。
5. 请针对某个建筑施工现场开展PHA。

第二章
安全检查表

为了查找工程、系统中各种设备设施、物料、工件、操作、管理和组织措施中的危险、有害因素，把检查对象加以分解，将大系统分割成若干小的子系统，以提问或打分的形式将检查项目列表逐项检查，避免遗漏，这种表称为安全检查表，用安全检查表进行安全检查的方法称为安全检查表法。安全检查表实际上是实施安全检查的项目清单，在我国不仅用于查找系统中各种潜在的事故隐患，还可以对各检查项目情况给予量化，以用于进行系统安全评价。

第一节 安全检查表编制

一、编制依据

安全检查项目依据相关的标准、规范，以及工程、系统中已知的危险类别、设计缺陷、一般工艺设备、操作、管理等有关的潜在危险性和有害性进行设置，具体包括：

（1）国家的相关安全法律、法规、规章、规程、规范和标准，行业、企业的安全规章制度、标准，以及企业安全生产操作规程；

（2）国内外行业、企业事故统计案例；

（3）行业、企业安全生产的经验，特别是本企业安全生产的实践经验、引发事故的各种潜在危险因素和成功杜绝或减少事故发生的成功经验；

（4）系统安全分析的结果，即采用系统安全分析方法得出能引发事故的各种危险因素的基本事件，可将其作为事故控制点列入检查表。

二、编制步骤

要编制一个符合客观实际，能全面识别、分析系统危险性的安全检查表，首先要建立一个编制小组，其成员应包括熟悉系统各方面的专业人员。编制安全检查表主要包括以下四个步骤。

1. 熟悉系统

编制安全检查表时，应熟悉系统的结构、功能、工艺流程、主要设备、操作条件、工艺布置和已有的安全设备设施。

2. 搜集资料

搜集有关法律、法规、规章制度、标准及本系统过去发生过事故的资料，作为编制安全检查表的重要依据。

3. 划分单元

按功能或结构将系统划分成若干子系统或单元，逐个分析潜在的危险因素。

4. 编制检查表

针对危险因素，依据有关法律、法规、规章制度、标准的规定，参考事故教训和本单位经验确定检查要点、内容，考虑所处的设计、施工、验收、使用等不同阶段，按照一定要求编制检查表。编制思路主要有两种：一种是按照第一章给出的危险识别方法，列出检查要点、检查项目清单，以便全面查出存在的危险、有害因素；另一种是针对各子系统或单元，依据有关法律、法规、规章制度、标准列出安全指标的要求和应设计的对策措施。

第二节 安全检查表的类型

安全检查表根据不同的分类标准可以分为不同种类，其中，根据检查结果是否量化可将其分为定性安全检查表和半定量安全检查表两类。无论是定性安全检查表还是半定量安全检查表，表中都可以有否决型的检查项目。

定性安全检查表对列出检查要点进行逐项检查，检查结果以“是”“否”或“有”“无”表示，不能量化。表 2–1 为定性安全检查表示例。

表 2–1　定性安全检查表示例

序号	检查项目	检查结果	依据	实际情况	备注
1	安全生产条件	“是”“否”或“有”“无”	有关法律、法规、规章制度和标准的具体条款	事实记录	有关说明
2	……	……	……	……	……

半定量安全检查表对每个检查要点赋以分值，检查结果以总分表示。其优点是不同的检查对象可以相互比较，缺点是检查要点的准确赋值比较困难。

另外，否决型检查项目则是给检查表中一些特别重要的检查要点做出标记，这些检查要点如不满足要求，检查结果即视为不合格，这样可以做到要点突出。

第三节 安全检查表实例

一、某城区小规模企业安全管理检查表

某城区小规模企业（经营面积为 100 m^2 以下的修车店、洗车店、百货门店、乐器商店、广告喷绘门店、小餐饮门店、小旅馆、网吧、食品商店及其他生产经营单位的统称）比较多，呈现出小商户多、小批发商店多、小餐饮门店多和规模企业少的“三多一少”商业格局，存在行业风险种类多、企业主要负责人安全意识薄弱以及企业安全投入不足的特点，而此城区地处城市中心，一旦发生事故，不仅会给人民生命财产带来损失，同时也会给社会安定带来巨大影响。该市应急管理部门急切需要编制符合本城区企业生产实际的安全检查表，从而有效降低事故风险。

安全检查表编制者在对该城区各行业实地调研的基础上，掌握了该地区这些企业存在的管理缺陷，参考该市出台的《小微企业安全生产标准化岗位达标工作手册》《安全生产标准化设备设施考评检查表》以及其他相关资料，根据该市应急管理部门上报上级的隐患类别，将安全检查内容按照安全管理类、从业人员类、设备设施类、场所环境类进行划分，各类别下含二级检查项（具体安全检查内容见图 2–1），最终制定出某城区企业安全管理检查表（部分，见表 2–2）。

安全检查表编制者针对不同风险等级的各行业企业制定了不同的安全检查表，而且利用专家打分法确定了每种检查表中各检查项对于安全管理水平的重要程度，即各检查项的权重，通过计算各检查项得分的加权平均值，得到企业安全管理总分。最终，根据该行业的分级标准，确定了企业的风险水平。

表 2–2 所示的安全检查表内容包括序号、检查项目类别、检查分项类别、检查内容、检查方式、参考标准及依据、该项应得分、评定准则、扣分说明、该项实得分、权重赋值以及备注，可见该检查表是半定量检查表，每项检查项目根据实际情

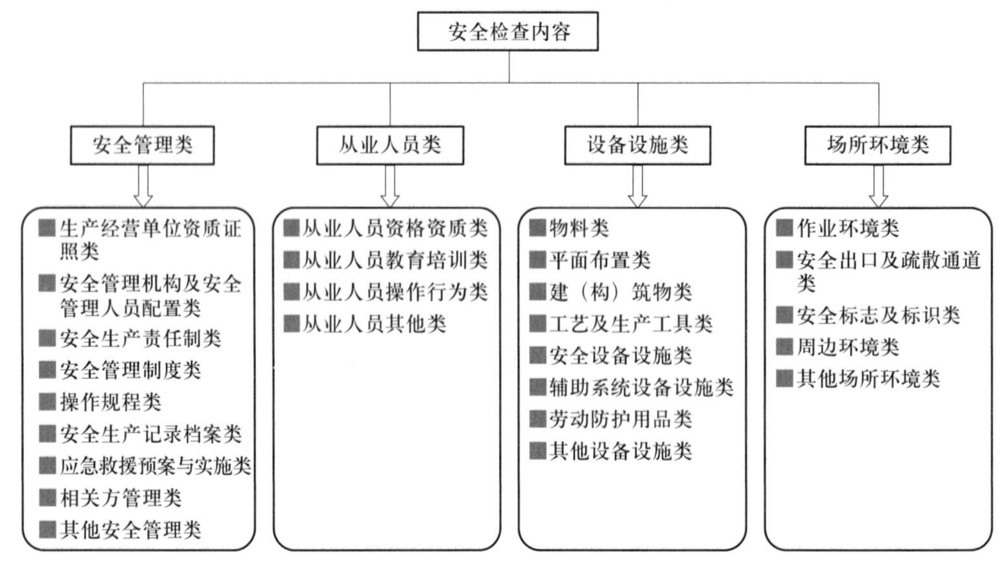

图 2–1　某城区企业安全检查内容

表 2–2　某城区企业安全管理检查表（部分）

序号	检查项目类别	检查分项类别	检查内容	检查方式		参考标准及依据	该项应得分	评定准则	扣分说明	该项实得分	权重赋值	备注
1	安全管理类	生产经营单位资质证照类	营业执照	查看文本	否决项	公司经公司登记机关依法登记，应当具备《企业法人营业执照》且保证证照未超有效期，才能从事生产经营活动。 《中华人民共和国公司登记管理条例》第三条、第四条	10	无营业执照或超有效期，即视为不合格				
		安全管理机构及安全管理人员配置类	安全管理机构和安全管理人员配备	现场询问	小规模企业不要求	加油站、液化石油气站：①当从业人员人数小于 50 人时，至少应当配置 1 名专职安全管理人员，负责本单位范围内的安全管理工作；②当从业人数大于等于 50 人时，增加安全管理机构，并保证专职安全管理人员超过从业总人数的 2%，且不能少于 2 人。 《某市生产经营单位安全生产主体责任规范》第九条		满足参考标准中任一项，该项满分；无一项满足，扣 10 分			4	

续表

序号	检查项目类别	检查分项类别	检查内容	检查方式		参考标准及依据	该项应得分	评定准则	扣分说明	该项实得分	权重赋值	备注
1	安全管理类	安全管理机构及安全管理人员配置类	安全管理机构和安全管理人员配备	现场询问	小规模企业不要求	批发零售业、住宿业、居民服务业、物业管理、教育培训业、卫生业、文化艺术业、娱乐业、体育业、餐饮业：①当从业人数小于等于100时，应至少在行业内配备1名专职安全管理人员，或者配置大于等于从业总人数的4%兼职管理岗位；②当从业人数大于100小于200时，应当配置至少1名专职安全管理人员；③增设安全管理机构，并保证专职安全管理人员人数大于等于从业人员的1%。 《某市生产经营单位安全生产主体责任规范》第九条	10	满足参考标准中任一项，该项满分；无一项满足，扣10分			4	
2	……	……	……	……	……	……	……	……			……	

况取得应得分数，再根据权重计算公式得到检查表总分，计算式为：检查表总分 =Σ 每项检查项应得分 × 该项最终权重值。当安全管理检查表中有不涉及本单位所含检查项时，该项以零分计，同时按照式 2–1 进行安全管理检查表最终实得分的计算。

$$实得分=\frac{评定标准实际总得分}{检查表满分-不涉及项总分}\times 检查表满分 \quad (2\text{–}1)$$

表 2–2 中第一项关于生产经营单位资质证照类的检查是否决项，即如公司无营业执照或营业执照超有效期，此次检查则不能通过。

表 2–3 是该城区各行业企业根据安全管理检查表最终实得分划分的安全生产风险等级分类标准。

安全检查表编制者应用表 2–2 的安全检查表进行检查后，计算得到该城区 10 家餐饮企业安全管理检查表实得分，将这些分值与表 2–3 中餐饮业的安全生产风险等级分类标准进行对照，可得 10 家餐饮企业风险等级评定结果如图 2–2 所示，其中的Ⅰ、Ⅱ、Ⅲ、Ⅳ 4 个区域依次代表高、较高、中、低 4 个风险等级，分值越高风险越小，表示企业的安全管理能力越好。

表 2-3　各行业企业安全生产风险等级分类标准

序号	行业企业类别	总分	安全生产风险等级			
			低（Ⅳ）	中（Ⅲ）	较高（Ⅱ）	高（Ⅰ）
1	居民服务业、物业管理、卫生业	2 560	≥ 2 304	≥ 2 048 <2 304	≥ 1 536 <2 048	<1 536
2	批发零售业	2 570	≥ 2 313	≥ 2 056 <2 313	≥ 1 542 <2 056	<1 542
3	住宿业	2 570	≥ 2 313	≥ 2 056 <2 313	≥ 1 542 <2 056	<1 542
4	教育培训业	2 570	≥ 2 313	≥ 2 056 <2 313	≥ 1 542 <2 056	<1 542
5	文化艺术业	2 570	≥ 2 313	≥ 2 056 <2 313	≥ 1 542 <2 056	<1 542
6	娱乐业	2 950	≥ 2 655	≥ 2 360 <2 655	≥ 1 770 <2 360	<1 770
7	体育业	2 830	≥ 2 547	≥ 2 264 <2 547	≥ 1 698 <2 264	<1 698
8	液化石油气站	2 710	≥ 2 439	≥ 2 168 <2 439	≥ 1 626 <2 168	<1 626
9	加油站	3 370	≥ 3 033	≥ 2 696 <3 033	≥ 2 022 <2 696	<2 022
10	餐饮业	3 820	≥ 3 438	≥ 3 056 <3 438	≥ 2 292 <3 056	<2 292
11	房屋建筑业、建筑装饰业和其他建筑业	4 580	≥ 4 122	≥ 3 664 <4 122	≥ 2 748 <3 664	<2 748

由图 2-2 可知，在 10 家餐饮企业的安全生产等级中，有 8 家处在中风险等级、2 家处在较高风险等级。

通过安全管理检查表的实施，该城区政府明确了企业的安全管理状况，企业掌握了自身隐患和安全管理的薄弱环节，这有利于相关各方有针对性地开展安全管理工作。

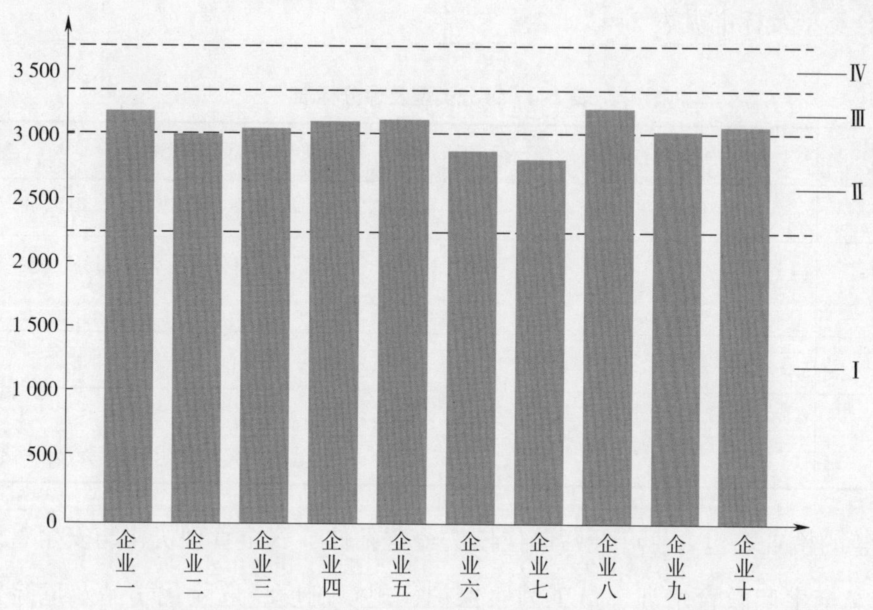

图 2-2 某城区 10 家餐饮企业安全检查表实得分及安全生产风险等级评定结果

二、化工企业安全生产主体责任落实绩效检查表

为评估辖区化工企业安全生产主体责任落实情况，某市应急管理部门制定了针对化工企业安全生产主体责任落实绩效的半定量检查表，依据现行的法律法规、规章制度确定了检查项目，对每个检查项目设置了评分细则，设置了“是 / 否”式、“部分 / 全部”式、“百分比”式、和“频率”式 4 种得分方式，分别是：

（1）用“是 / 否”式来判断定性指标。例如：“是否具备运行许可？”“是”得满分；“否”得零分。

（2）“部分 / 全部”式评估主要针对无法采用数据衡量的定性指标。例如：应急预案应包括组织体系、运行机制、应急保障、监督管理、最新的风险评估和应急资源调查等内容，考核内容若符合“全部”得满分；“部分”得一半分；“无”则不得分。

（3）“百分比”式评估主要针对培训时长、培训经费、安全管理人员占比等的定量指标，根据实际值占规定值的百分比进行评分。

（4）“频率”式主要是对特种作业人员上岗检查频率、风险辨识周期及隐患排查频率等，按考核问题实行的频率赋予不同的分值。

评分类型及标准见表 2–4。

表 2–4　评分类型及评分标准

序号	评分类型	评分标准
1	“是 / 否”式评分	选择“是”得满分；选择“否”得零分
2	“部分 / 全部”式评分	符合“全部”得满分；符合“部分”得一半分；“无”不得分
3	“百分比”式评分	该项总分 × 该项百分比
4	“频率”式评分	该项“无”为零分 得分：该项总分 ×1/ 要求频率 × 实际频率

完整的检查表包含生产经营单位依法经营条件、安全管理机构与安全管理人员配置、安全生产教育培训、员工健康保护、规章制度、危险化学品及危险作业管理、事故管理、应急管理共 7 个部分，表 2–5 是第 6 个部分危险化学品及危险作业管理检查表，其中共有 8 项检查项目，包含“是 / 否”式评分和“频率”式评分类型。其中的第 4 项为“频率”式评分，其他项为“是 / 否”式评分，每项总分由各检查项目权重乘以检查表总分值所得。

表 2–5　危险化学品及危险作业管理检查表

序号	检查项目	评分细则	评分标准	检查结果	该项总分	实际得分	法律依据
1	通信、报警装置	是否有通信、报警装置	选择“是”得满分；选择“否”得零分	是□ 否□			《危险化学品安全管理条例》第二十一条
2	安全设施维护	是否有安全设施维护记录表	选择“是”得满分；选择“否”得零分	是□ 否□			《危险化学品安全管理条例》第二十条、《危险化学品重大危险源监督管理暂行规定》第十五条
3	安全警示标志	是否有危险品管道铺设标志和安全警示标志	选择“是”得满分；选择“否”得零分	是□ 否□			《危险化学品安全管理条例》第十三条、第二十条

续表

序号	检查项目	评分细则	评分标准	检查结果	该项总分	实际得分	法律依据
4	周期安全生产条件评价	企业的安全生产条件应每 3 年进行一次安全评价	无评价为零分；评价得分：该项总分 × 1/3 × 实际次数（最高分为该项满分）	安全生产条件；安全评价次数 ____			《危险化学品安全管理条例》第二十二条
5	安全操作规程	是否制定安全操作规程	选择“是”得满分；选择“否”得零分	是□ 否□			《危险化学品安全管理条例》第二十八条
6	专人管理	是否有专人管理	选择“是”得满分；选择“否”得零分	是□ 否□			《危险化学品安全管理条例》第二十四条
7	重大危险源监控体系	监控体系是否完善	选择“是”得满分；选择“否”得零分	是□ 否□			《危险化学品重大危险源监督管理暂行规定》第十三条
8	安全生产状况检查	是否组织重大危险源定期安全生产状态检查工作	选择“是”得满分；选择“否”得零分	是□ 否□			《危险化学品重大危险源监督管理暂行规定》第十六条

将各检查表中所有实际得分加和即可得到被检查的化工企业安全生产主体责任落实绩效总分值，以此衡量该企业安全生产主体责任落实的总体情况，并且通过失分的检查项目发现企业在安全生产主体责任落实方面存在的漏洞。

本章小结

安全检查表是系统安全工程中一种最基础且应用最广泛的系统危险性评价方法。安全检查表不仅在设计、维修、环境、管理等方面用于查找缺陷或隐患，还可以对各检查项目赋值打分，从而进行系统安全评价。安全检查表的优点是可以检查系统是否符合国家和行业相关规范、规定、标准要求，从而全面、准确地识别出可能导致危险的关键因素，确保系统满足最低安全要求，实现安全工作的标准化和规范化。检查人员依照安全检查表进行检查，检查结果不仅是检查人员履行职责的凭据，也便于安全生产责任制的落实。如果采用半定量安全检查表方法，还可以实现安全生产风险等级的确定。

安全检查表适用于系统从设计、建设、生产直至报废全寿命周期各阶段，因此应用范围比较广，大致可分为设计审查验收安全检查表、厂级安全检查表、车间安全检查表、工段及岗位安全检查表、专业性安全检查表等多种类型。

安全检查表的缺点是针对不同的需要，须事先编制大量的检查表，工作量大且安全检查表的质量容易受编制人员的知识水平和经验影响。

复习思考题

1. 编制安全检查表的依据是什么?
2. 编制安全检查表有哪几个步骤?
3. 安全检查表的优点和缺点分别有哪些?
4. 请编制一个您目前所在地点的灭火器检查表。
5. 请编制一个您所在学校实验室的安全检查表。

第三章 可靠性分析

可靠性理论和技术本来是为了分析因机械零部件故障或人为差错而使设备或系统丧失原有功能或功能下降的原因而产生的学科。机械零部件故障或人为差错不仅降低设备或系统功能，而且往往还会引发意外事故和灾害。因此，在系统安全工程中，可靠性分析占有很重要的地位，不仅直接反映了产品的质量指标，还关系整个系统运行过程中的可靠性和安全性。

第一节 可靠性和安全性

日常生活中，可靠性、安全性这两个术语在词义上有一定程度的重叠，往往还相互混淆。比如，“说的话可靠还是不可靠？”“洗衣机运行起来可靠还是不可靠？”“洗衣机安全不安全？”这些句子的含义有什么差别？本节内容对可靠性和安全性的概念和含义进行界定区分，并阐述它们之间的关系。

一、可靠性

可靠性的经典定义是：系统、设备或元件等在规定条件下和规定时间内完成指定的功能的能力。

可靠度是表征可靠性的一个尺度，它的定义是：系统、设备或元件等在规定条件下和预期使用期内，完成其功能的概率。在可靠度的定义中，明确了五个要素：一是具体的对象是指系统、设备或元件等；二是所规定的功能及失效现象；三是规定的条件；四是规定的时间，可以用周期、次数、距离等来计量；五是概率，就是将多数对象在明确了上述第二至第四个要素的情况下所观测的结果，作为完成其功能的比例（0 ~ 1.0 数值）来把握。

根据上述定义，可靠度（可靠性的表征）是依赖于规定条件和规定时间的。同一产品，由于使用条件、维护条件不同，其可靠度也将有所不同。同样，环境条件不同，如冲击、振动、温度等环境应力（称为外部应力），负荷、荷重等的对象功能应力（称为内部应力）都对可靠度产生影响。一般来说，产品的可靠度随产品的使用时间的延长而逐渐降低，一定的可靠度是相对于一定的时间而言的。

二、安全性

安全性的定义是：人们在某一种环境中工作或生活，感受到的危险或危害是已知的且是在可接受水平上的。可见，安全性是指在规定的时间、使用条件、环境条件下，系统不陷入危险状态，即具备不会造成对人的伤害、物的损坏、环境破坏的能力。由于完全避免所有危险是不存在的，所以绝对安全是不存在的。也就是说，安全是一个相对的概念，它表示系统在该状态下的风险水平是可被衡量和接受的。

三、可靠性与安全性的关系

由可靠性和安全性的定义可知，一个系统即使具备可靠性，也不能保证其风险水平是可接受的。可靠性研究的对象是故障、任务失败，安全性研究的对象是危险、危险事件和事故，两个概念研究的侧重点不同。美国学者莱韦森阐述了系统可靠性和安全性是两个不同的概念。他通过火星极地着陆器坠毁在火星表面的实例说明了：一个可靠的系统有时会导致事故的发生；人的不可靠行为有时会是避免事故发生的安全行为；可靠性提高可能会降低安全性，而安全性提高可能会降低可靠性。例如，一个化工厂产量较高，系统的可靠性很高，但由于它不断向周围环境排放有毒的化学品，所以系统的安全性就很差。因此，子系统或部件的高可靠性不足以完全保证整体系统的安全性。

有时，系统中某个关键子系统或部件的致命故障会造成事故。例如，飞机的发动机发生故障时，不仅影响飞机正常飞行，而且可能使飞机失去动力而坠落，造成机毁人亡的事故。此时，提高部件可靠性，可减少由于部件故障导致事故发生概率。因此，导致事故发生的部件故障是可靠性和安全性的连接点。在这种情况下，采取提高系统可靠性的措施，既可以保证实现系统的功能，又可以提高系统的安全性。

即使在系统具有高可靠性的情况下，为提高系统安全性，还必须设法减少系统故障时陷入危险状态的可能性。另外，由于可靠性分析设计通常是以设计阶段构思的理想模型为前提的，而现场情况的复杂程度远远超出了可靠性理想模型的范围，此时如果系统安全性设计考虑不全面，将是十分危险的。例如，火车在运行时发生故障，造成运行中断或延误，这是一个可靠性问题；飞机在飞行过程中发生故障，起落架放不下来，则认为是安全性的问题。又如，一个吹风机在正常环境下使用是既安全又可靠的，但是如果把它放在浴缸里，尽管此时它仍是可靠的，但已经不安全了。再如，有的产品结构坚固、经久耐用，具有很高的可靠性，但若设计时对安全问题考虑不周，容易对操作人员造成伤害，则安全性是很差的。可见，安全性考虑的问题范畴比可靠性宽，它不仅需要考虑部件“故障”的问题，还必须考虑系统设计、运行环境、人的因素、人机界面等方面的问题。可靠性问题与安全性问题的关系如图 3–1 所示，其中左侧研究的是可靠性问题，集合 A 表示子系统、部件的故障或失效导致系统不能实现预定功能或任务；右侧研究的是安全性问题，集合 B 表示人的失误、系统设计、物的故障、环境因素导致事故发生，造成人员伤亡、财产损失或环境破坏；连接可靠性问题和安全性问题的是导致事故发生的部件故障，用集合 C 表示。

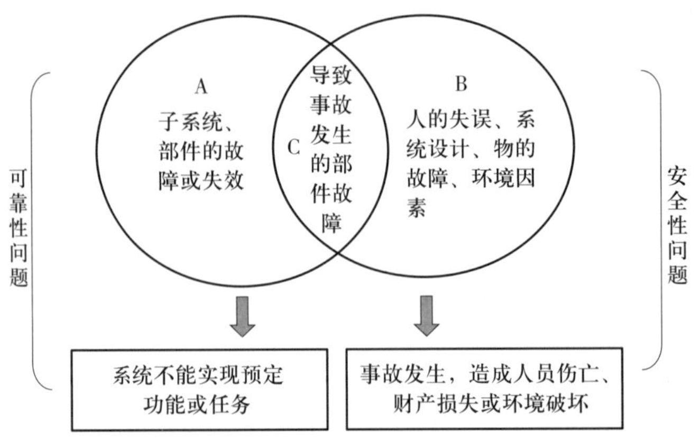

图 3–1　可靠性问题和安全性问题的关系

由于系统的可靠性与安全性之间有着关联，两者的研究方法有许多相似之处，所以在系统安全性研究中，广泛利用、借鉴了可靠性研究中的一些理论和方法。例如，故障类型和影响分析、事件树分析、事故树分析等可靠性分析方法在系统安全性分析中被广泛应用，但分析内容已不仅局限于子系统、部件故障导致的系统失效问题。

第二节 可靠度、维修度和有效度

可靠度是产品不发生故障的概率。像生产设备、汽车、计算机、电视机等复杂的产品，通常不会因发生故障而立即抛弃，需要经修复后再使用，这类产品或系统是可修复系统，除了要有不发生故障的可靠度外，还要有易于修理的特性。在发生故障后的某段时间内，系统完成维修的概率，称为维修度。对于可修复系统，其广义可靠度包括两个方面：一是不发生故障的狭义可靠度；二是发生故障后进行修复的维修度。这个广义可靠度称为有效度，即在某种使用条件下和规定时间内，产品或系统保持正常使用状态的概率。具体来讲，给定某使用时间 t，维修所允许的时间 τ（$\tau \ll t$），设某产品的可靠度、维修度和有效度分别为 $R(t)$、$M(\tau)$ 和 $A(t, \tau)$，则它们之间的关系为：

$$A(t, \tau)=R(t)+[1-R(t)]M(\tau) \tag{3-1}$$

式 3–1 中，右边第一项是在时间 t 内不发生故障的可靠度 $R(t)$，右边第二项是在时间 t 内发生故障的概率 $[1-R(t)]$ 和在时间 τ 内完成维修的概率 $M(\tau)$ 的乘积。为了满足某种有效度，最好开始就做到高可靠度或高维修度（见可靠度、维修度和有效度的关系图 3–2）。当然，也可以在可靠度较低的情况下提高维修度来满足所需的有效度，但这样会经常发生故障，从而提高了维修费用。反之，若采用高可靠度、低维修度，则产品的初始费用过高。所以，设计人员必须在产品的价值和产品的可靠度二者之间找到平衡点（见可靠度与费用之间的关系图 3–3）。

应该指出，维修度是表示维修难易程度的客观指标，可将其定义为：在规定条件下和规定时间内，对可修复产品、系统或零件的维修能完成的概率。其中“规定条件”是与维修人员的技术水平、熟练程度、维修方法、备件以及补充部件的后勤体制等密切相关的。

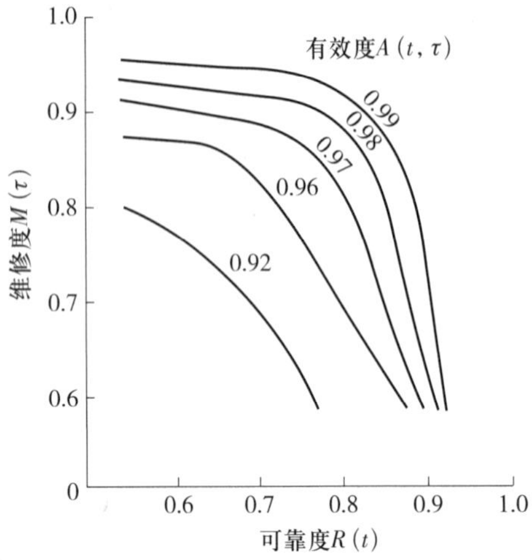

图 3–2　可靠度、维修度和有效度的关系

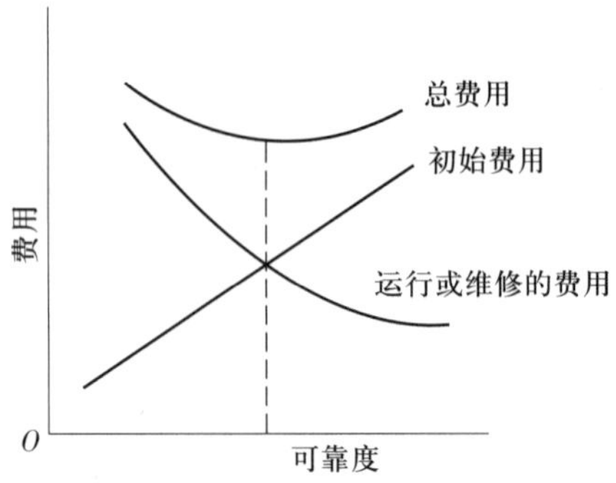

图 3–3　可靠度与费用之间的关系

第三节 可靠性度量指标及其之间的关系

一、可靠度和不可靠度函数

对于不可修复产品或系统来说，在使用过程中发生故障，即不能完成预定功能，则认为该产品或系统失效。因此，失效和可靠就是一对矛盾的概念。从定义可以看出，在一定使用条件下，可靠度是时间的函数，设可靠度为 $R(t)$、不可靠度为 $F(t)$，则有：

$$R(t)+F(t)=1 \tag{3-2}$$

可靠度 $R(t)$ 与不可靠度 $F(t)$ 的函数形状正好相反，如图 3-4 所示。可靠度可理解为当样本数很多时，对规定样本获得的残存率，其函数曲线如图 3-5 所示。

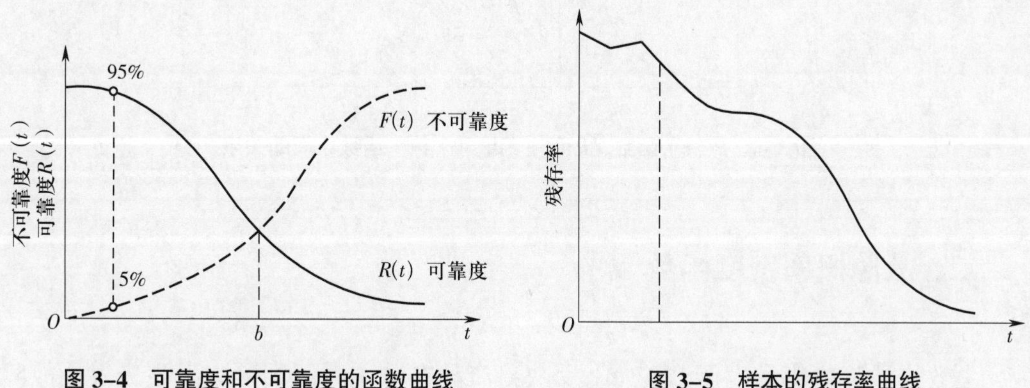

图 3-4　可靠度和不可靠度的函数曲线　　图 3-5　样本的残存率曲线

可靠度 $R(t)$ 若用概率表示，设 $t=0$ 时刻投入试验的样品数是 N 个，到 t 时刻仍未失效的有 $n(t)$ 个，发生故障失效的有 $r(t)$ 个，则在 t 时刻没有失效的概率估计值（即可靠度的估计值）为：

$$R(t)=\frac{N-r(t)}{N}=\frac{n(t)}{N} \tag{3-3}$$

此时，不可靠度 $F(t)$ 若用概率表示，在 t 时刻不可靠度的估计值为：

$$F(t)=\frac{r(t)}{N} \tag{3-4}$$

产品在规定条件下和规定时间内，完成预定功能的概率的可靠度用 $R(t)$ 表示，则：

$$R(t)=P(T>t) \quad (0\leqslant t<\infty) \tag{3-5}$$

式 3–5 中，$P(T>t)$ 就是产品工作时间 T 大于规定时间 t 的概率。因此，可靠度又称为可靠度分布函数，是累积分布函数。一般有 $R(0)=1$、$R(\infty)=0$，则根据上述不可靠度 $F(t)$（或称为故障概率）和概率论中概率密度函数的定义，可得出：

$$F(t)=1-R(t)=P(T\leqslant t)=\int_0^t f(t)\,\mathrm{d}t \qquad (0\leqslant t<\infty) \tag{3-6}$$

式 3–6 中，$f(t)$ 是不可靠度 $F(t)$ 这个分布函数的概率密度函数，在可靠性理论中，这个概率密度函数 $f(t)$ 称为故障概率密度函数。不可靠度函数 $F(t)$、可靠度函数 $R(t)$ 和故障概率密度函数 $f(t)$ 之间的关系如图 3–6 所示。

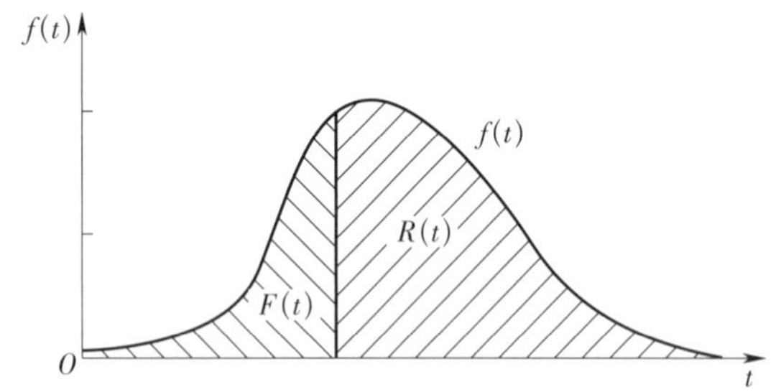

图 3–6　$F(t)$ 函数、$R(t)$ 函数和 $f(t)$ 函数之间的关系

二、故障概率密度函数

失效或故障概率密度函数 $f(t)$ 反映出产品在单位时间间隔内发生失效或故障的比例或频率。如果 N 是开始产品试验总数，Δt 为单位时间间隔，$\Delta r(t)$ 是 $(t, t+\Delta t)$ 时间间隔内产生的故障产品数，则这段时间内平均单位时间间隔发生故障的概率为：

$$f(t)=\frac{1}{N}\cdot\frac{\Delta r(t)}{\Delta t} \tag{3-7}$$

此时，$f(t)$ 为（t，$t+\Delta t$）时间间隔内的平均失效（故障）密度。工程中，可以通过时间间隔内观察数据出现的频率来计算得到 $f(t)$。若 $N\to\infty$、$\Delta t\to 0$，则频率即为概率：

$$f(t)=\lim_{N\to\infty}\frac{1}{N}\cdot\frac{\Delta r(t)}{\Delta t} \tag{3-8}$$

式 3-8 也可以通过不可靠度 $F(t)$ 的定义推导得出：

$$F(t)=\frac{r(t)}{N}=\int_0^t\frac{1}{N}\mathrm{d}r(t)=\int_0^t\frac{1}{N}\frac{\mathrm{d}r(t)}{\mathrm{d}t}\mathrm{d}t=\int_0^t f(t)\,\mathrm{d}t \tag{3-9}$$

由此可得：

$$f(t)=\frac{1}{N}\cdot\frac{\mathrm{d}r(t)}{\mathrm{d}t} \tag{3-10}$$

也就是说：

$$f(t)=\frac{\mathrm{d}F(t)}{\mathrm{d}t}=\frac{F(t+\mathrm{d}t)-F(t)}{\mathrm{d}t} \tag{3-11}$$

对于可靠度 $R(t)$，则有：

$$R(t)=1-F(t)=1-\int_0^t f(t)\,\mathrm{d}t=\int_t^\infty f(t)\,\mathrm{d}t \tag{3-12}$$

三、故障率

故障率又称为失效率，用 $\lambda(t)$ 表示，它是衡量产品或系统可靠性的一个重要指标，其含义是：产品或系统工作到 t 时刻后，单位时间内发生故障的概率，即产品工作到 t 时刻以后，在单位时间内发生故障的产品数与在 t 时刻仍在正常工作的产品数之比，是一个条件概率。$\lambda(t)$ 可表示为：

$$\lambda(t)=\frac{1}{n(t)}\cdot\frac{\mathrm{d}r(t)}{\mathrm{d}t} \tag{3-13}$$

式 3-13 中，$\mathrm{d}r(t)/\mathrm{d}t$ 实际上是 $N\to\infty$、$\Delta t\to 0$ 时，t 时刻后单位时间内发生故障的产品数。因此，$\lambda(t)$ 的工程计算方法为：

$$\lambda(t)=\frac{1}{n(t)}\cdot\frac{\Delta r(t)}{\Delta t} \tag{3-14}$$

式 3-14 中，$\Delta r(t)$ 为 t 时刻后，Δt 时间内发生故障的产品数；Δt 为所取时间间隔；$n(t)$ 为 t 时刻时残存产品数。

对于低故障率的元部件常以 10^{-9}/h 为故障率的单位，称之为菲特（Fit）。

【例 3-1】 今有 100 个产品投入使用，在 t=100 h 前有 2 个发生了故障，在 100 ~ 105 h 有 1 个发生了故障。试计算：①这批产品工作满 100 h 时的失效率 λ（t=100）和概率密度函数 f（t=100）分别是多少？②若 t=1 000 h 前有 51 个产品发生了故障，而在 1 000 ~ 1 005 h 内有 1 个发生了故障，则这批产品工作满 1 000 h 时的失效率 λ（t=1 000）和概率密度函数 f（t=1 000）分别是多少？

解： ① $\lambda(t=100)=\dfrac{1}{n(t)}\cdot\dfrac{\Delta r(t)}{\Delta t}=\dfrac{1}{(100-2)\times 5}=\dfrac{1}{490}$

$f(t=100)=\dfrac{1}{100\times 5}=\dfrac{1}{500}$

② $\lambda(t=1\,000)=\dfrac{1}{n(t)}\cdot\dfrac{\Delta r(t)}{\Delta t}=\dfrac{1}{(100-51)\times 5}=\dfrac{1}{245}$

$f(t=1\,000)=\dfrac{1}{100\times 5}=\dfrac{1}{500}$

从该例可看出，概率密度函数 f（t）在 t=100 h 和 t=1 000 h 前是相同的，而故障率 λ（t）更能灵敏地反映故障变化的趋势。

四、故障率、故障概率密度函数及可靠度之间的关系

当开始产品试验总数 $N\rightarrow\infty$ 时，由故障率、故障概率密度函数的定义和式 3-3 可得：

$$\lambda(t)=\frac{1}{n(t)}\cdot\frac{\mathrm{d}r(t)}{\mathrm{d}t}=\frac{1}{N[n(t)/N]}\cdot\frac{\mathrm{d}r(t)}{\mathrm{d}t}=\frac{f(t)}{R(t)} \tag{3-15}$$

式 3-15 反映了故障率、故障概率密度函数和可靠度三者之间的关系，根据式 3-11 和式 3-12 可进一步推导出：

$$\lambda(t)=\frac{\mathrm{d}F(t)/\mathrm{d}t}{R(t)}=\frac{-\mathrm{d}R(t)/\mathrm{d}t}{R(t)}=\frac{-\mathrm{d}\ln R(t)}{\mathrm{d}t} \tag{3-16}$$

进一步变换得到：

$$R(t)=\exp\left[-\int_0^t\lambda(t)\mathrm{d}t\right] \tag{3-17}$$

式 3-17 反映了故障率 λ（t）和可靠度 R（t）之间的直接关系。

五、故障率曲线

在实际使用过程中，机电产品或零部件如不进行预防性维修，或者是对于不可修复的产品，其典型故障率随时间而变化的曲线如图 3–7 所示，机电产品整个寿命周期按照曲线趋势可分为 3 个时期。

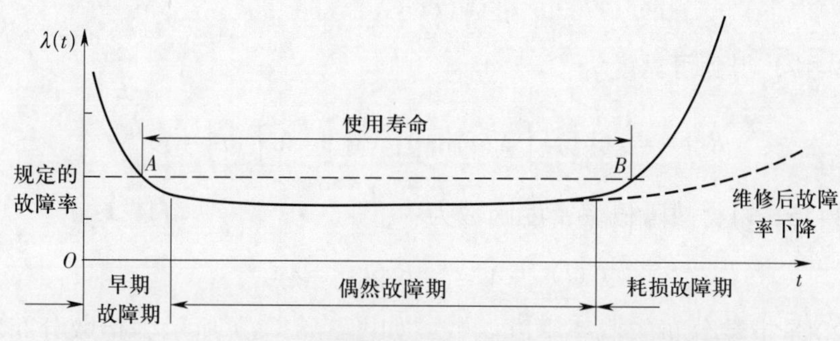

图 3–7　机电产品或零部件的典型故障率随时间而变化的曲线

1. 早期故障期

早期故障期的故障率由极高值很快地降下来。这个高的故障率主要是由于零件加工和部件装配等方面不当引起的，一般这一时期经历的时间很短。如果在制造工序中增加一道跑合工序（对机械产品）或老化工序（对电子产品），则可使出厂的产品一开始就可达到一个较低或很低的故障率。

2. 偶然故障期

偶然故障期的故障率降到最低并进入稳定的状态，其故障率可视为常量。这个时期是机电产品或零部件的正常使用期，其间发生的故障都是因为偶然原因引起的。例如，机械系统由于振动、冲击以及温度的突变等而引起的故障。这个时期的产品或系统状态最佳，在规定的故障率下，其待续时间称为使用寿命或有效寿命。一般来说，人们希望在容许的费用范围内延长使用寿命。

3. 耗损故障期

耗损故障期是产品经历上述两个时期的使用后，由于材料的疲劳、蠕变和磨损等原因，使零部件产生裂纹、尺寸的永久改变、间隙增大、冲击加剧、噪声增大等后果，造成故障率急剧地增大。

如果在耗损故障期到来之前，采用事先更换备件等预防、维修措施，可以使将要上升的故障率降下来，从而延长可维护产品或系统的使用寿命。当然，也要综合权衡故障维修和服务的成本，才能作出上述决定。

当故障率为常数时，有：

$$\lambda(t)=\lambda \tag{3-18}$$

由式 3–17，得到可靠度为：

$$R(t)=\exp\left[-\int_0^t\lambda(t)\mathrm{d}t\right]=\exp\left[-\lambda\int_0^t\mathrm{d}t\right]=\mathrm{e}^{-\lambda t} \tag{3-19}$$

按式 3–15，可得故障概率密度函数为：

$$f(t)=\lambda(t)\cdot R(t)=\lambda\mathrm{e}^{-\lambda t} \tag{3-20}$$

式 3–20 是指数分布的概率密度函数，如图 3–8（a）所示为指数分布的 $f(t)$、$R(t)$ 和 $\lambda(t)$ 曲线。对于偶然故障期内由于偶然原因而引发的故障事件，常用指数分布来描述。反过来讲，当故障概率密度函数是指数分布时，故障率就是常数。

对于正态分布的故障概率密度函数来说，有：

$$f(t)=\frac{1}{\sigma\sqrt{2\pi}}\mathrm{e}^{-\frac{1}{2}\left(\frac{t-\mu}{\sigma}\right)^2} \tag{3-21}$$

不可靠度为：

$$F(t)=\int_0^t\frac{1}{\sigma\sqrt{2\pi}}\mathrm{e}^{-\frac{1}{2}\left(\frac{t-\mu}{\sigma}\right)^2}\mathrm{d}t \tag{3-22}$$

可靠度为：

$$R(t)=1-F(t)=\int_t^{\infty}\frac{1}{\sigma\sqrt{2\pi}}\mathrm{e}^{-\frac{1}{2}\left(\frac{t-\mu}{\sigma}\right)^2}\mathrm{d}t \tag{3-23}$$

故障率为：

$$A(t)=\frac{f(t)}{R(t)}=\frac{\frac{1}{\sigma\sqrt{2\pi}}\mathrm{e}^{-\frac{1}{2}\left(\frac{t-\mu}{\sigma}\right)^2}}{\int_t^{\infty}\frac{1}{\sigma\sqrt{2\pi}}\mathrm{e}^{-\frac{1}{2}\left(\frac{t-\mu}{\sigma}\right)^2}\mathrm{d}t} \tag{3-24}$$

如图 3–8（b）所示为正态分布的 $f(t)$、$R(t)$ 和 $\lambda(t)$ 曲线。从图中可以看出，$\lambda(t)$ 曲线的形状与耗损期的 $\lambda(t)$ 的形状一样，故正态分布主要用来描述耗损故障期的故障状况。

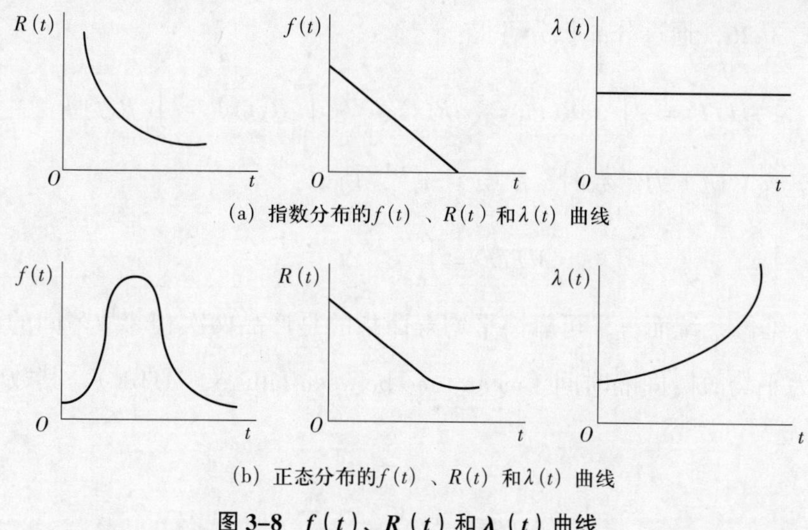

(a) 指数分布的 $f(t)$ 、$R(t)$ 和 $\lambda(t)$ 曲线

(b) 正态分布的 $f(t)$ 、$R(t)$ 和 $\lambda(t)$ 曲线

图 3-8　$f(t)$、$R(t)$ 和 $\lambda(t)$ 曲线

六、用时间计量可靠度、维修度和有效度

可靠度、维修度和有效度除了可用概率度量外，还可以用时间或每小时次数来度量，其中最主要的指标是可靠性平均寿命。可靠性平均寿命是指产品从投入运行到发生故障的平均工作时间。

对于不可修复系统和可修复系统，可靠性平均寿命的概念有所不同。对于不可修复系统，可靠性平均寿命又称失效前平均时间（mean time to failure，MTTF）。设有 N_0 个不可修复的产品在同样条件下进行试验，测得其全部故障时间为 t_1、t_2、…、t_{N_0}。则其失效前平均时间可表示为：

$$MTTF = \frac{1}{N_0}\sum_{i=1}^{N_0} t_i \tag{3-25}$$

当 N_0 趋向无穷时，失效前平均时间为产品故障时间这一随机变量的数学期望，因此：

$$MTTF = \int_0^{\infty} tf(t)\,\mathrm{d}t \tag{3-26}$$

根据：

$$f(t) = \frac{\mathrm{d}F(t)}{\mathrm{d}t}$$

可得：

$$\mathrm{d}R(t) = -f(t)\,\mathrm{d}t$$

代入式 3–26，通过分部积分可得：

$$MTTF = -\int_0^{\infty} t\mathrm{d}R(t) = -tR(t)\Big|_0^{\infty} + \int_0^{\infty} R(t)\mathrm{d}t = \int_0^{\infty} R(t)\mathrm{d}t \qquad (3\text{–}27)$$

因此，当 λ（t）为常数时，R（t）$=\mathrm{e}^{-\lambda t}$，所以：

$$MTTF = \int_0^{\infty} \mathrm{e}^{-\lambda t}\mathrm{d}t = \frac{1}{\lambda} \qquad (3\text{–}28)$$

对于可维修系统而言，可靠性平均寿命指的是产品两次相邻故障间的平均工作时间，称为平均故障间隔时间（mean time between failure，MTBF），其数学表达式为：

$$MTBF = \frac{1}{\sum_{i=1}^{N_0} n_i} \sum_{i=1}^{N_0} \sum_{j=1}^{n_i} t_{ij} \qquad (3\text{–}29)$$

式 3–29 中，n_i 为第 i 个测试产品的故障数；t_{ij} 为第 i 个测试产品从第 j–1 次故障到第 j 次故障的工作时间。

需要说明的是，指数分布的可靠性平均寿命并不意味着半数产品达到该寿命时间，当一批产品工作到可靠性平均寿命时，即 t=$MTTF$ 或 t=$MTBF$ 时：

$$R\ (t) = \mathrm{e}^{-\lambda t} = \mathrm{e}^{-\lambda \cdot \frac{1}{\lambda}} = \mathrm{e}^{-1} = 0.368 \qquad (3\text{–}30)$$

此时，能工作到可靠性平均寿命的产品只有 36.8%，约有 63.2% 的产品将在达到可靠性平均寿命前发生故障，这就是它的特征寿命，用 $t_{\mathrm{e}^{-1}}$ 来表示。

已知 R（t），就可以求得任意时间 t 的可靠度。反之，若确定了可靠度，也可以求出相应的工作寿命（时间）。可靠寿命（可靠度寿命）是指可靠度为定值 R 时的工作寿命，以 t_R 表示。当可靠度 R=50% 时，可靠寿命称为中位寿命（$t_{0.5}$），此时产品中将有半数失效。

对于可修复系统，衡量产品维修度除了概率值 M（τ）外，还可以用平均故障修复时间（mean time to repair，MTTR）来衡量。平均故障修复时间指的是产品出现故障后到恢复正常工作时所需要的时间。如果第一次故障修复的时间为 τ_1，第二次故障修复时间 τ_2，第 n 次故障修复时间 τ_n，则：

$$MTTR = \frac{\sum_{i=1}^{n} \tau_i}{n} \qquad (3\text{–}31)$$

用时间计量的有效度称为时间有效度，也称为稳态有效度，记为 A（∞）或 A，

是工作时间 t 趋于无穷时瞬时有效度 $A(t)$ 的极限值。稳态有效度反映了产品长时间使用的有效性，因此经常被使用。从可工作时间比的角度来看，稳态有效度可用平均故障间隔时间和平均故障修复时间表示：

$$A = \frac{MTBF}{MTBF + MTTR} \tag{3-32}$$

第四节 系统可靠度计算

产品、设备是由许多零件、元件、组件及部件等（简称零部件）组合而成的系统，它们通过相互作用实现联系，以完成一定的系统功能。由此可见，产品的系统可靠度是建立在系统中各个零部件之间的作用关系和这些零部件可靠度的基础上的。

一、串联系统

可靠性串联系统是最常见也最简单的系统，许多实际工程系统是可靠性串联或以串联系统为基础的。串联系统是指系统中任何一个单元发生故障，将导致整个系统发生故障。如图 3-9（a）所示为一个串联系统的模型，设系统中各个单元是相互独立的，各个单元的可靠度分别为 R_1、R_2、…、R_n，串联系统的可靠度为 R_s，根据概率的乘法定理，有：

$$R_s = R_1 \times R_2 \times \cdots \times R_n = \prod_{i=1}^{n} R_i \tag{3-33}$$

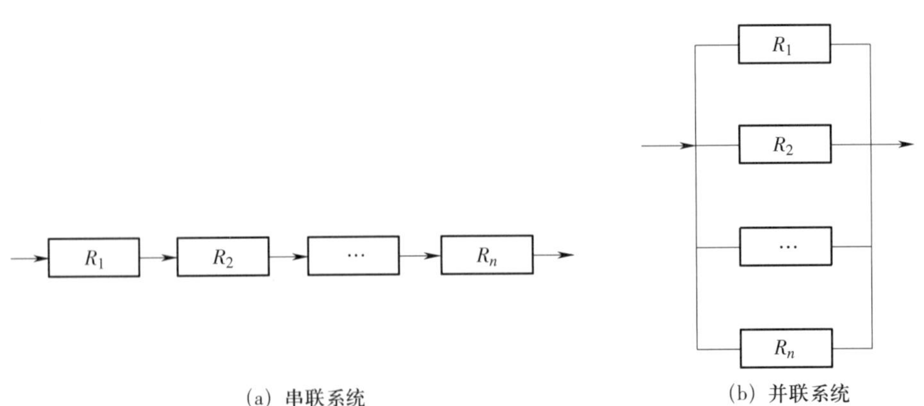

图 3-9 串联系统和并联系统

从式 3-33 中可以看出，因为可靠度一般小于 1，所以系统可靠度小于或至多等于各串联单元可靠度的最小值。若单元可靠度是时间 t 的函数，则：

$$R_s(t) = \prod_{i=1}^{n} R_i(t) \tag{3-34}$$

若所有单元的故障率都服从指数分布，则：

$$R_s(t) = \prod_{i=1}^{n} e^{-\lambda_i t} = e^{-\sum_{i=1}^{n}\lambda_i t} = e^{-\lambda_s t} \tag{3-35}$$

这说明指数分布的单元组成的串联系统仍然服从指数分布，系统故障率等于各单元故障率之和，即：

$$\lambda_s(t) = \lambda_1 + \lambda_2 + \cdots + \lambda_n = \sum_{i=1}^{n} \lambda_i(t) \tag{3-36}$$

由此可见，从设计的角度，要提高串联系统的可靠度，就应该从三个方面进行考虑：一是减小单元的故障率 λ_i，即提高单元可靠度；二是尽可能减少串联单元的数量；三是等效地缩短任务时间。

【木桶原理】

一条铁链，最脆弱的一环决定其能承受的最大力度；一只木桶，最短的那块木板决定其容量，这就是著名的木桶原理。木桶最短的木板对容量起着限制和制约作用，就像串联系统一样，组成系统的所有单元中的任何一个单元失效，都会导致整个系统失效。因此，整个系统的可靠度取决于可靠度最低的单元。

二、并联系统

有些系统通常包含多个相同功能的单元，它们并行连接，系统只有在所有单元发生故障情况下才发生故障，这种系统称为并联系统，如图 3-9（b）所示。设系统中各个单元是相互独立的，各单元的不可靠度为 F_1、F_2、…、F_n，且并联系统的不可靠度为 F_n，根据概率的乘法定理，有：

$$F_s = F_1 \times F_2 \times \cdots \times F_n = \prod_{i=1}^{n} F_i \tag{3-37}$$

即：

$$(1-R_s)=(1-R_1)\times(1-R_2)\times\cdots\times(1-R_n)=\prod_{i=1}^{n}(1-R_i) \qquad (3\text{–}38)$$

故并联系统的可靠度为：

$$R_s=1-\prod_{i=1}^{n}(1-R_i) \qquad (3\text{–}39)$$

从式 3–39 可以看出，并联系统可靠度大于或至少等于各并联单元可靠度的最大值。

若单元可靠度是时间 t 的函数，且服从指数分布，则有：

$$R_s=1-\prod_{i=1}^{n}(1-R_i)=1-\prod_{i=1}^{n}(1-e^{-\lambda_i t}) \qquad (3\text{–}40)$$

对于最常用的两个单元并联系统，则有：

$$R_s=1-(1-R_1)(1-R_2)=R_1+R_2-R_1R_2$$

当两个单元的可靠度为时间 t 的函数，且服从指数分布，其故障率分别为 λ_1 和 λ_2，则有：

$$R_s=e^{-\lambda_1 t}+e^{-\lambda_2 t}-e^{-(\lambda_1+\lambda_2)t} \qquad (3\text{–}41)$$

对于只有一个单元（故障率为 λ）的不可修复系统，根据式 3–29 可知，此时系统平均寿命即失效前平均时间为：$MTTF=\int_0^{\infty}R(t)\,dt=\frac{1}{\lambda}$。若两个故障率分别为 λ_1 和 λ_2 的单元并联，该系统的可靠性平均寿命为 Q，则：

$$Q=\int_0^{\infty}R(t)\,dt=\frac{1}{\lambda_1}+\frac{1}{\lambda_2}-\frac{1}{\lambda_1+\lambda_2} \qquad (3\text{–}42)$$

如果 $R_1=R_2$，$\lambda_1=\lambda_2=\lambda$，则：$R_s(t)=2R-R^2=e^{-\lambda t}(2-e^{-2\lambda t})$，此时 $Q=\frac{3}{2\lambda}$。

也就是说，两个故障率相同的单元构成的并联系统平均寿命是单个单元系统的 1.5 倍。由式 3–37 可以看出，可靠性并联等于不可靠性串联，它们之间存在对偶性。

串联和并联是两种基本系统模型，实际系统多是串联、并联的组合，如图 3–10 所示。在这种情况下，可以先把每一个组成单元（串联和并联）的可靠度求出，转换成单纯的串联或并联系统，然后求出整体系统的可靠度。

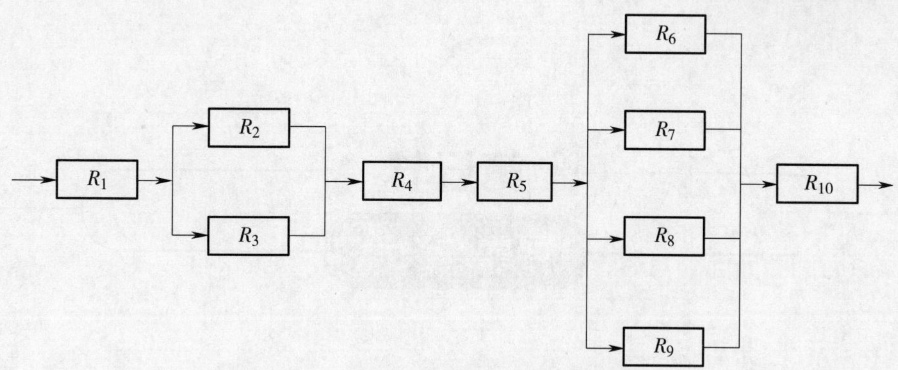

图 3–10　串联、并联的组合系统

第五节 可靠性设计

可靠性管理是在一定的时间和费用条件基础上，根据用户要求，为了生产出具有规定可靠性要求的产品，在设计、研发、制造、使用和维修即产品整个寿命周期内，所进行的一切组织、计划、协调、控制等综合管理工作。其中，首要的环节就是可靠性设计，它决定了产品的内在可靠性（即固有可靠性）。研发与制造过程则是实现可靠性控制，即保证实现产品内在可靠性。

据美国贝尔电话实验室和海洋电子实验室统计，因设计方面问题引起的产品故障占全部产品故障的 40% 以上，是影响产品内在可靠性的主要因素（各种因素对系统可靠性的影响程度见表 3–1）。可靠性设计的目的是基本确定产品或系统固有可靠性，说“基本确定”是因为以后的生产制造过程还会影响其固有可靠性。设计出的固有可靠性是系统所能达到的可靠性上限，其他因素（如维修性设计等）只能保证系统的实际可靠性尽可能地接近固有可靠性。

表 3–1　各种因素对系统可靠性的影响程度

可靠性类别	影响因素	影响程度 /%
固有可靠性	1. 零部件的材料	30
	2. 设计技术	40
	3. 制造技术	10
使用可靠性	使用、运输、安装、操作、维修	20

可靠性相关工作的重心应放在设计阶段，这是因为，提高产品或系统的可靠性从固有可靠性和使用可靠性两方面考虑，在设计时应规定系统的固有可靠性，否则，无论以后怎样精心制造、严格管理、合规使用，也难以保证可靠性要求。使用

可靠性是考虑对高可靠性如何管理和维修的问题，它涉及在产品的整个寿命周期内实现全面持续的可靠性管理。

现代化的、结构复杂的产品或系统，可能由成千上万个零部件和子系统组成。其中，有一些零部件和子系统如飞机的发动机和起落架、汽车的制动器和转向器等，一旦发生故障，便会危及人的生命安全并造成物质损失；有一些零部件和子系统如机床变速箱、汽车变速器等，一旦发生故障只给人们带来工作和生活上的不便或者产品局部功能损失；有一些零部件和子系统要承受环境应力，而有一些则不承受。因此，为了适应产品或系统及其构成部分的各种差异，可靠性设计有多种不同方法，如概率设计、耐环境设计、冗余设计、人机工程设计等。以下仅就概率设计和冗余设计做出简介。

一、概率设计

应力是对产品功能有影响的各种外界因素，强度是产品（或其零部件）承受应力的能力。对应力和强度应该做广义的理解，应力除通常的机械应力外，还包括载荷（力、力矩、转矩等）、变形、温度、电流、电压等；强度除通常的机械强度外，还应包括承受上述各种形式应力的能力。

机械零部件的概率设计的基本出发点是认为其材料的强度 c 是服从于概率密度函数 $f(c)$ 的随机变量，而作用于零部件危险截面上的工作应力 s，也是服从于概率密度函数 $g(s)$ 的随机变量。这种设计方法不是按照传统设计方法思路把零部件所受应力和零部件强度看作常量，而是认为在保证一定安全系数的前提下，应力小于一定比例强度进行的可靠性设计。这是由于影响零部件强度的参量如材料的性能、尺寸、表面质量等，均为随机变量；影响应力的参量如载荷工况、应力集中、工作温度等，也都是随机变量。基于安全系数的传统设计方法的最主要不足之处在于，把影响应力和强度的各种因素看作为不变的定值，而没有考虑它们在工作环境中的随机变化特性，而过大的安全系数又增加了不必要的结构尺寸，从而浪费材料。

概率设计的基本思路是，按零部件的失效概率的大小来衡量其可靠性，理论基础是应力与强度间的“干涉”原理，如图 3-11 所示。其中，如图 3-11（a）所示情况的零部件是绝对安全的，因为零部件的强度 c 总是大于应力 s，其可靠度 $R=1$；但如果图 3–11（a）中 $g(s)$、$f(c)$ 分布的位置反过来，即零部件的强度 c 总是小于应力 s，则其可靠度 $R=0$。如图 3–11（b）所示为两条曲线相互“干涉”的情形，当这两种曲线发生“干涉”时，虽然工作应力的平均值 μ 小于强度平均值 μ_c，但仍不能保证工作应力在任何情况下都不会大于零部件强度值，还是存在工作应力大于零部件强度的概率。如何保证在一定可靠度的前提下，使零部件的结构简单、质量轻、价格低，这是人们追求的目标。

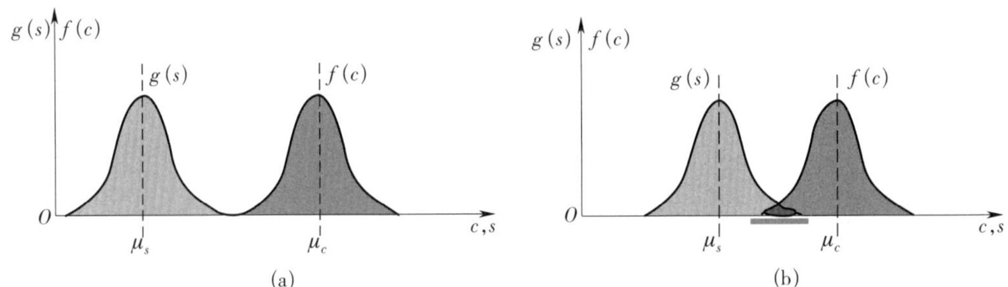

图 3–11　应力与强度间的“干涉”原理

如图 3–11（b）所示，可靠度的概念实质上就是零部件的应力 s 与强度 c 相互“干涉”时，其强度比应力大的概率。即：

$$R=P(c>s)=P[(c-s)>0] \tag{3-43}$$

由此可见，只要应力和强度的概率分布曲线已知，就可以根据其干涉模型计算该零部件的可靠度。这里仅讨论应力和强度均为正态分布时的可靠度设计过程，根据概率论理论，两个服从正态分布的独立随机变量之差，仍然服从正态分布，此时只需要使用连接方程即可以求得可靠性系数，之后使用标准正态分布表求出可靠度。

当应力和强度均为正态分布时，它们的概率密度函数可以用式 3–44 和式 3–45 表达。

$$g(s)=\frac{1}{\sigma_s\sqrt{2\pi}}\exp\left[-\frac{1}{2}\left(\frac{s-\mu_s}{\sigma_s}\right)^2\right] \tag{3-44}$$

$$f(c)=\frac{1}{\sigma_c\sqrt{2\pi}}\exp\left[-\frac{1}{2}\left(\frac{c-\mu_c}{\sigma_c}\right)^2\right] \tag{3-45}$$

式 3–44、式 3–45 中，μ_s、μ_c、σ_s、σ_c 分别为应力 s 和强度 c 的均值和标准差。

令 $y=c-s$，则根据正态分布的加法定理可知，随机变量 y（$-\infty<y<+\infty$）也是正态分布的，且其均值 μ_y 和标准差 σ_y 分别为：

$$\mu_y=\mu_c-\mu_s \tag{3-46}$$

$$\sigma_y=\sqrt{\sigma_c^2+\sigma_s^2} \tag{3-47}$$

因此：

$$f(y)=\frac{1}{\sigma_y\sqrt{2\pi}}\exp\left[-\frac{1}{2}\left(\frac{c-\mu_y}{\sigma_y}\right)^2\right],\ -\infty<y<+\infty \tag{3-48}$$

那么，可靠度 R 为：

$$R=f(y>0)=\int_0^\infty\frac{1}{\sigma_y\sqrt{2\pi}}\exp\left[-\frac{1}{2}\left(\frac{c-\mu_y}{\sigma_y}\right)^2\right]\mathrm{d}y \tag{3-49}$$

式 3-49 可用图 3-12 来表达。

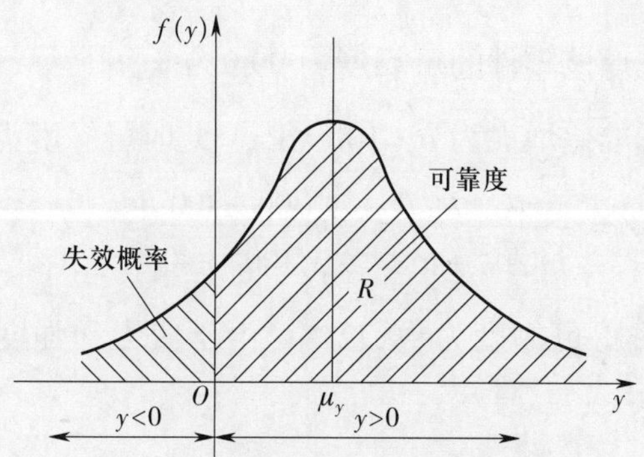

图 3-12 随机变量 y 的概率密度函数

将随机变量化为标准式，令 $Z=\frac{y-\mu_y}{\sigma_y}$，则 $\sigma_y\mathrm{d}Z=\mathrm{d}y$。当 $y=0$ 时，Z 的下限为：

$$Z=\frac{0-\mu_y}{\sigma_y}=-\frac{\mu_c-\mu_s}{\sqrt{\sigma_c^2+\sigma_s^2}} \tag{3-50}$$

当 $y\to+\infty$ 时，Z 的上限也是 $+\infty$，代入式 3-49 得：

$$R=\frac{1}{\sqrt{2\pi}}\int_{-\frac{\mu_y}{\sigma_y}}^{\infty}\frac{1}{\sigma_y}\exp\left[-\frac{Z^2}{2}\right]\mathrm{d}Z \tag{3-51}$$

显然，随机变量 $Z=\frac{y-\mu_y}{\sigma_y}$ 也是标准正态分布，而式 3-51 所表达的可靠度 R 则可通过查阅标准正态分布表的分布函数求得。换言之，Z 值与可靠度 R 是一一对应的。因此，Z 值可靠性系数因为式 3-50 把应力、强度和可靠度三者联系起来，所以称该式为耦合方程（或联系方程）。

进行可靠性设计时，一般先规定目标可靠度。这时，可按标准正态分布面积表查出可靠性系数 Z，再利用式 3–50 求得所需要的设计参数。

【例 3–2】 已知在一台发动机零件中的应力是正态分布，其均值为 400 MPa、标准差为 40 MPa。基于期望的温度范围和其他各因素，材料强度的分布也是正态分布，其均值为 700 MPa、标准差为 80 MPa。试计算：①该零件的可靠度为多少？②若材料强度标准差增大为 100 MPa，该零件的可靠度又为多少？

解：①按常规设计、强度均值对应力均值之比求出安全系数为：

$$n = \mu_c / \mu_s = 700/400 = 1.75$$

为计算零件的可靠度，利用式 3–50 的耦合方程，得：

$$Z = -\frac{\mu_c - \mu_s}{\sqrt{\sigma_c^2 + \sigma_s^2}} = -\frac{700 - 400}{\sqrt{80^2 + 40^2}} = -3.35$$

由正态分布表可查得该零件的可靠度为 99.959%。

②若该零件强度标准差增大为 σ_c=100 MPa，此时可靠度为：

$$Z = -\frac{\mu_c - \mu_s}{\sqrt{\sigma_c^2 + \sigma_s^2}} = -\frac{700 - 400}{\sqrt{100^2 + 40^2}} = -2.78$$

由正态分布表可查得可靠度为 99.72%。由于应力和强度的均值不变，此时安全系数不变，仍为 1.75。

可见，零件的强度和应力均值不变，改变强度或应力的离散度（即标准差），就可改变零件的可靠度。而常规的安全系数无法反映这种变化。

二、冗余设计

所谓冗余设计，是以两个或两个以上的同功能的重复结构并行工作，确保在局部发生故障时系统不致丧失功能的设计。如图 3–9（b）所示的并联系统就是冗余系统，这种方法由于采用增加多余的资源以换取系统可靠性，因而被称为冗余设计。这里所谓的冗余，是指完成该系统应完成的基本功能所增加的重要部分，并不是多而不用的意思。冗余设计在电子设备及电路设计中获得广泛的应用。

在冗余设计过程中，需要解决冗余度和冗余级别的选择问题。

1. 冗余度的选择问题

冗余度是指容错部件所用硬件数与非容错部件的硬件数的比值。从理论上讲，似乎冗余度越高则可靠度越高，但在实践中应注意，增加冗余度则所消耗的元件费用也增加，因而有一个性能价格比的问题。以并行冗余为例，n 个并行部件的总可靠度为：

$$R_n=1-(1-R)^n \tag{3-52}$$

式 3-52 中，R 为单个部件的可靠度。表 3-2 为不同冗余度时的可靠度 R_n 及其增益 R_n/R_{n-1}。

表 3-2　不同冗余度时的可靠度及其增益

冗余度	可靠度及其增益								
	R=0.6			R=0.7			R=0.9		
	R_n	R_n/R_1	R_n/R_{n-1}	R_n	R_n/R_1	R_n/R_{n-1}	R_n	R_n/R_1	R_n/R_{n-1}
1	0.6	1.0	—	0.7	1.0	—	0.9	1.0	—
2	0.84	1.4	1.4	0.91	1.3	1.3	0.99	1.1	1.1
3	0.936	1.56	1.114	0.973	1.39	1.07	0.999	1.11	1.009
4	0.974	1.62	1.04	0.992	1.42	1.02	0.999 9	1.111	1.000 9

从表 3-2 中可以看出，当原有部件的可靠度为 0.6 时，双重冗余可以把可靠度提高 40%，三重冗余比双重冗余只提高 11.4%，而四重冗余时，只比三重冗余提高 4%。由此可见，在不考虑检测及切换部件的可靠度时，虽然总的可靠度可以随冗余度的增加而提高，但冗余度高时效率却不高。

另外可以看出，利用低可靠度的部件比用高可靠度的部件构成冗余系统效果好。如原有部件的可靠度分别为 0.6 和 0.9，都是双重冗余时，前者可靠度提高 40%，而后者只提高 10%；三重冗余时，前者提高 11.4%，后者仅提高 0.9%。

2. 冗余级别的选择问题

一个复杂的系统可分解为系统、子系统、部件及元件等不同级别。在哪一个级别上进行冗余才能获得较高的可靠度增益，这是一个非常重要的选择。以双重并行冗余为例，其系统可靠度为 $R_s=2R-R^2$。设故障率按指数分布，则 $R=e^{-\lambda t}$，故 $R_s=2e^{-\lambda t}-e^{-2\lambda t}\approx 1-(\lambda t)^2$。若把系统分解成相等的 n 个部件，则每一部件的可靠度为 $R=e^{-\frac{\lambda}{n}t}$。如果在部件级进行冗余，则每个双重冗余部件的可靠度为 $\left(2e^{-\frac{\lambda}{n}t}-e^{-\frac{2\lambda}{n}t}\right)$。这时，由 n 个冗余部件组成的系统的可靠度为：

$$\left(2e^{-\frac{\lambda}{n}t}-e^{-\frac{2\lambda}{n}t}\right)^n\approx\left(1-\frac{\lambda^2t^2}{n^2}\right)^n\approx 1-\frac{1}{n}(\lambda t)^2 \qquad (3\text{–}53)$$

因此，与系统级冗余的可靠度 $1-(\lambda t)^2$ 比较，部件级冗余的可靠度高。同理，在元件级冗余时，n 进一步增大，则系统的可靠度就更接近于 1。由此可得出：冗余级别越低，系统的可靠度越高。

在冗余设计时，应考虑以下一些消极倾向并设法避免：

（1）冗余措施会带来整个产品、系统的重量与体积增加，从而使产品、系统的成本增加；

（2）因备用冗余部件的增加，使系统的维修性变差，增大维修工作量；

（3）冗余度越高，检测和切换电路就越复杂，其可靠度也越低，从而抵消了多重冗余的优越性；

（4）会增加早期故障率以及维修费。

第六节 人的可靠性分析

一、人的可靠性

人在各种系统的总体可靠性中起着重要的作用，因为各种系统之间都是通过人这个子系统相互联系起来的，如何研究人对整个系统在运行过程中的影响作用，是一个十分重要的问题。

在人机系统中，人与机器相互结合，人成为系统的组成部分，必须按系统目标的统一要求完成所分担的职能作用。为了获得系统的最高效能，除了硬件的可靠度指标要高以外，还要求人的操作技术熟练、机器要适合人的生理要求，即人的操作可靠性指标也要高。所以，人机系统的可靠度与机器可靠度和人的操作可靠度有关，其关系表达式为：

$$R_s=R_m \cdot R_n \tag{3-54}$$

式 3-54 中，R_s 为人机系统的可靠度；R_m 为机器设备的可靠度；R_n 为人的操作可靠度。

机器设备的高可靠度可以通过可靠性设计与制造实现。但对人来说，从本质上得到可靠性的改善是有限度和不确定的，因为影响人的可靠度的因素很多，而且这些因素是变化的。文献统计数据研究表明，人为差错在系统故障中占有很大比例：电子设备的故障 60% ~ 70% 是由人引起的；在飞机和导弹系统中，由人引起的故障分别占总故障的 60% ~ 70% 和 20% ~ 53%，其中 10% ~ 15% 是直接由人引起的。

因此，在任何环境条件下，研究最可靠和最易于发挥人的最大限度作用的内容也是必要的。实践表明，在设计阶段遵循有关人机工程原则可以显著提高人的可靠性，另外，仔细地挑选和培训有关人员也有助于改善人的可靠性。

二、人为差错的概率估计

人为差错是指人员未能实现规定任务（或实现了禁止的动作），可能导致中断计划运行或引起人员伤亡和财产损坏。人为差错对系统产生的影响随不同系统而不同，造成的后果也不一样。人为差错的发生有各种不同原因，按照信息处理过程、执行任务性质等进行分类有不同的结果。

人们在处理或执行任何一次任务时，例如操作人员在操纵使用和处理设备、装置和物料时，都有一个对任务进行识别（输入）、判断和行动（输出）这样三个步骤，在这三个步骤中都有发生差错的可能。因此，就某一行动而言，其可靠度 R 为：

$$R=R_1\cdot R_2\cdot R_3 \tag{3-55}$$

式 3–55 中，R_1 为与输入有关的可靠度，如声、光、数字或显示器等信号传入耳、眼等器官；R_2 为与判断有关的可靠度，如信号传入大脑并进行判断；R_3 为与输出有关的可靠度，如根据判断做出反应。

R_1、R_2、R_3 的参考值见表 3–3。

表 3–3　R_1、R_2、R_3 的参考值

类别	影响因素	R_1	R_2	R_3
简单	变量不超过几个，人机工程学上考虑全面	0.999 5 ～ 0.999 9	0.999 0	0.999 5 ～ 0.999 9
一般	变量不超过 10 个，人机工程学上考虑全面性一般	0.999 0 ～ 0.999 5	0.995 0	0.999 0 ～ 0.999 5
复杂	变量超过 10 个，人机工程学上考虑不全面	0.990 0 ～ 0.999 0	0.990 0	0.990 0 ～ 0.999 0

由 R 可计算人的某一动作的差错概率 q：

$$q=K(1-R),\ K=a\cdot b\cdot c\cdot d\cdot e \tag{3-56}$$

式 3–56 中，a 为作业时间系数；b 为操作频率系数；c 为危险状况系数；d 为心理、生理条件系数；e 为环境条件系数。

a、b、c、d、e 的取值范围见表 3–4。

表 3–4 *a*、*b*、*c*、*d*、*e* 的取值范围

符号	系数	内容	取值范围
a	作业时间	有充足的富裕时间	1.0
		没有充足的富裕时间	（1.0 ~ 3.0）
		完全没有富裕时间	［3.0 ~ 10］
b	操作频率	频率适当	1.0
		连续操作	（1.0 ~ 3.0）
		很少操作	［3.0 ~ 10］
c	危险状况	即使误操作也安全	1.0
		误操作时危险性大	（1.0 ~ 3.0）
		误操作时有产生重大灾害的危险	［3.0 ~ 10］
d	心理、生理条件	综合条件（教育、训练、健康状况、疲劳、愿望等）较好	1.0
		综合条件不好	（1.0 ~ 3.0）
		综合条件很差	［3.0 ~ 10］
e	环境条件	综合条件较好	1.0
		综合条件不好	（1.0 ~ 3.0）
		综合条件很差	［3.0 ~ 10］

注：取值范围中，圆括号为不包括本数，方括号为包括本数。

本章小结

本章首先给出了可靠性和安全性的概念，然后讨论了二者之间的联系和不同之处。用概率来衡量可靠性大小的指标有可靠度、维修度和有效度，其他度量可靠性的指标包括故障率、故障概率密度函数、不可靠度等，本章给出了相关概念并推导得到它们之间关系的数学表达式。本章阐述了串联、并联和混联系统的系统可靠度计算方法以及经典的可靠性设计方法，重点分析了机械零部件的概率设计和冗余设计，最后给出了最基本的人的可靠性分析相关内容。

1. 可靠性和安全性有怎样的关联?

2. 可靠性度量指标有哪些?

3. 如何提高串联系统的可靠性?

4. 机械零部件的概率设计方法的核心思路是什么?

5. 什么是人为差错? 人为差错的概率如何估计?

第四章 失效模式与影响分析

失效模式与影响分析（failure mode effects analysis，FMEA）是一种评价子系统、零部件及其功能潜在失效模式影响的工具，是一种基本的可靠性分析工具，用于识别对整个系统可靠性产生不利影响的失效模式。FMEA 方法原本是为了确定失效模式对可靠性的影响而开发的，但也可以用于识别由于潜在失效模式导致的事故风险。其基本内容是利用系统可以分割的特点，在设计一个系统时，预先估计各子系统、零部件可能出现的失效（或故障），根据其对人员、操作及整个系统的影响程度确定故障等级，按故障等级确定改进设计的必要性程度及提出改进设计的建议。

FMEA 方法源于可靠性技术，最初只能做定性分析，后来在分析中增加了失效（或故障）发生难易程度或发生概率的评价，将它与危险度分析（criticality analysis，CA）结合起来，发展成失效类型和影响危险性分析（FMECA），这样如果确定了每个元件（或子系统）的失效（或故障）发生概率，就可以确定系统的故障发生概率，从而实现对失效（或故障）影响的定量评价。

第一节 概述

一、FMEA 产生的背景和适用范围

FMEA 最早在美国国防部军用标准 MIL-P-1629 中出现并得以应用，作为一种评价技术用于确定系统或设备失效的影响。应用于航天、火箭研发过程时，FMEA 以及更为详细的 FMECA 有助于避免小批量、高成本的火箭技术发生错误。20 世纪 60 年代，FMEA 被鼓励用于航天产品的研发，并在美国国家航空航天局的登月阿波罗工程中取得良好效果。20 世纪 70 年代后期，福特汽车公司在发生多起斑马牌汽车油箱爆炸事故后，再次引入 FMEA 方法用于安全整改工作，同时将 FMEA 方法有效地用于汽车设计和制造的改进。汽车工业行动小组和美国质量管理学会于 1993 年 2 月制定了 FMEA 工业标准，该标准等同于汽车工程师规范 SAE J1739。

FMEA 方法可用于任何系统或设备，也可用于任何所需的系统设计层次，由于低层级部件的失效率更易获得，所以通常在组件或单元级等低层级开展。FMEA 主要面向系统硬件和过程开展应用，也可用于软件分析以评价软件功能失效率。

二、FMEA 相关基本概念

1. 失效

失效是指产品偏离了要求或规定的运行、状态或功能，系统、子系统或部件不能执行其预定功能，产品的性能参数不能维持在预定范围内。

2. 失效模式

失效模式是指产品发生失效的方式（表现形式），以及产品在失效后所处的模式或状态。例如，一个阀门失效常表现为四种失效模式，分别是内漏、外漏、打不开、关不严。

3. 失效原因

失效原因是指诱发失效模式的过程或机理。其中，能导致部件失效的过程包括物理失效、设计缺陷、制造缺陷、环境应力等。

4. 失效影响

失效影响是指失效模式对产品或系统的运行、状态或功能等造成的后果。

5. 故障

故障是指设备或系统功能运行中的不期望状态或异常现象。这种不期望状态或异常现象的出现往往是某个子系统或部件失效的后果。

6. 约定层次

约定层次是指根据相对复杂程度进行的系统层次化划分。约定层次可以从复杂（如整个系统）到简单（如零部件），是一种组织结构，反映了从子系统直至最底层的部件或零件之间的主次关系。

7. 风险优先数

风险优先数（risk priority number，RPN）是指可靠性层面上的风险等级指数。RPN 的计算公式为：RPN= 发生概率 × 危险度等级 × 检测等级。

三、FMEA 方法原理

FMEA 的基本思路如图 4-1 所示，对分析对象进行层次划分，并确定约定层次。

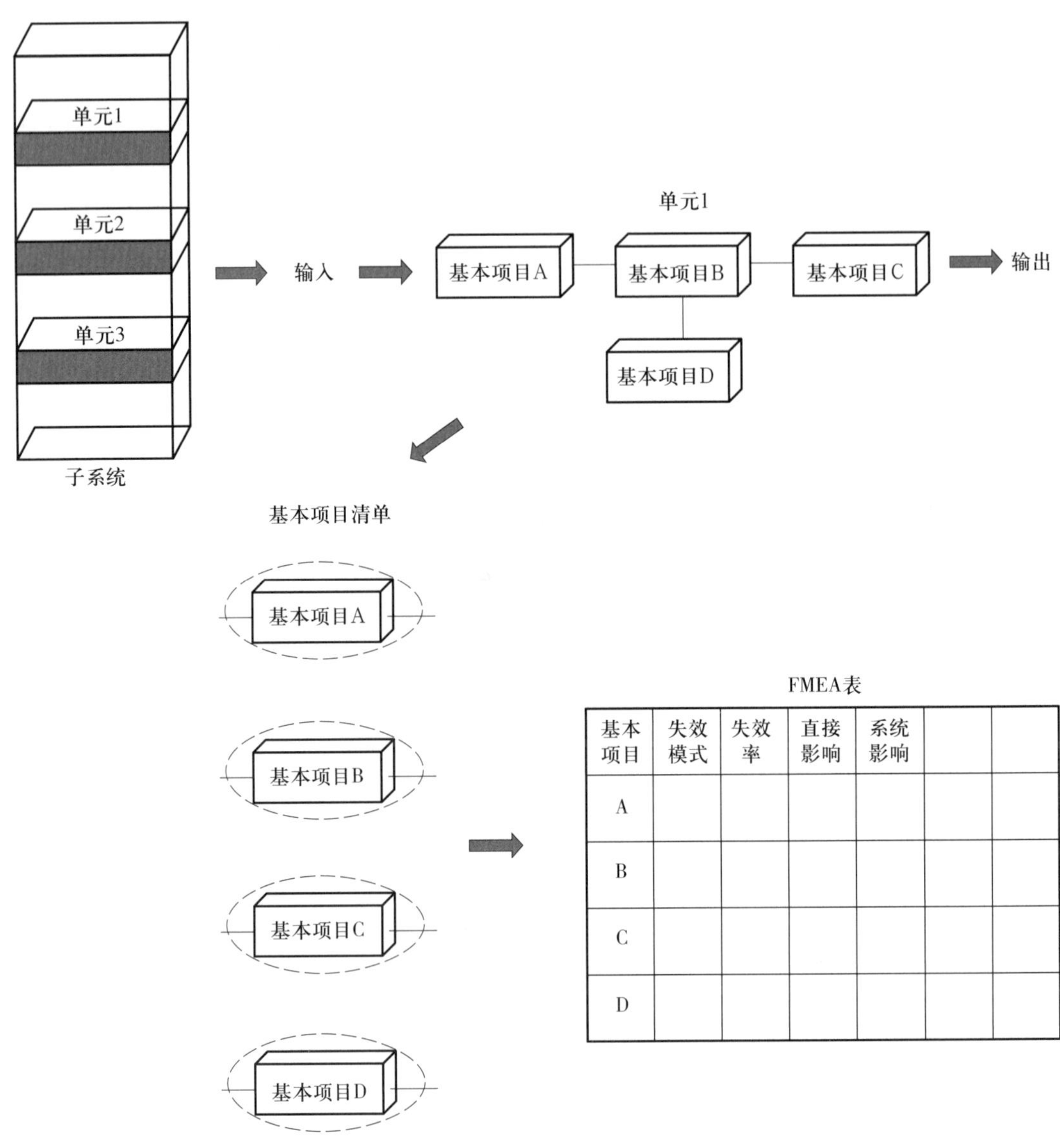

图 4–1　FMEA 的基本思路

例如，子系统可以被分为单元 1、单元 2、单元 3 等不同的层次，每一个单元又可以进一步分为基本项目（都属于同一层次）。把所有基本项目列入 FMEA 表的左侧栏目中，逐一进行分析，即将被分析的“实体”分解为单独的基本项目。实际上，将子系统确定为某个约定层次是通过自上而下的分解得到的，而对每个项目分别进行分析评价的过程才是自下而上的。划分的项目可以是硬件的单个零部件，也可以是一项功能。每一个项目应单独进行分析，将各项目的所有潜在失效模式列入表中，之后对每个项目进行详细分析。

FMEA 分析所考虑的系统基本构成模块是系统硬件或功能，分别对应系统的功能特性和结构特性。其中，功能特性定义了系统必须如何运行及其必须执行的功能任务；结构特性定义了功能是如何通过硬件得以实现的，系统运行正是由这些硬件来实现的。系统设计和实现就是从系统功能转化为硬件零部件的过程。

理论上讲，实施 FMEA 的方法包括功能方法、结构方法和混合方法三种。

1. 功能方法

功能方法针对功能开展分析，被分析的功能可以位于系统、子系统、单元或组件任何约定层次。这种方法关注系统功能目标无法实现或发生错误的模式，也适用于软件分析与评价，但更倾向于系统级分析。

2. 结构方法

结构方法针对硬件开展分析，关注可能的硬件失效模式，被分析的硬件可以是子系统、单元、组件或零部件任何约定层次。结构方法倾向于在部件级开展详细的分析。

3. 混合方法

混合方法是功能方法和结构方法的组合。混合方法首先开展系统的功能分析，然后将关注焦点转至硬件，特别是直接导致安全关键功能失效的硬件。

当系统是由将要实现的功能来定义时，应采用功能方法。当硬件产品可以通过原理图、设计图样或其他工程和设计数据进行明确定义时，应采用结构方法。混合方法综合了功能方法和结构方法两种方法的特性，首先分析重要的系统功能失效，然后识别导致这些系统功能失效的特定设备失效模式。

某无线电通信系统的功能模型和结构模型如图 4-2 所示，图中标注了分析所需要考虑的失效模式和展示了分析的约定层次。

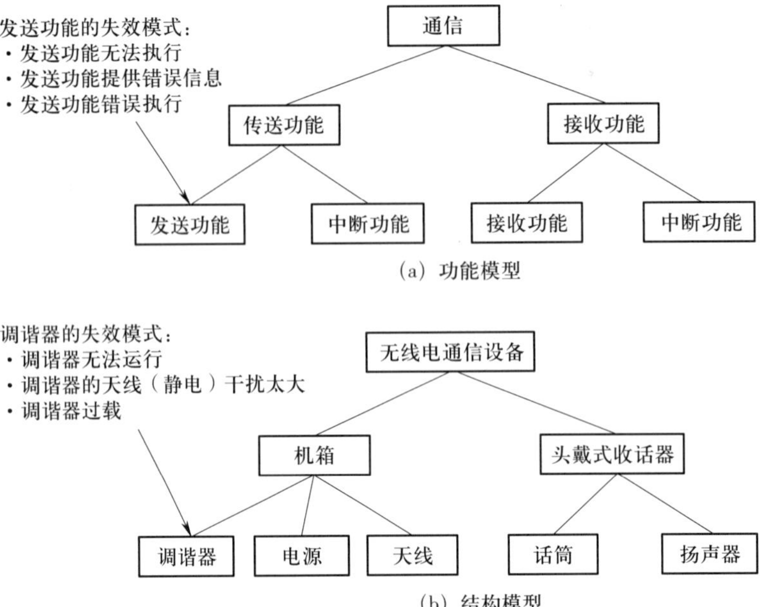

(a) 功能模型

(b) 结构模型

图 4–2　某无线电通信系统的功能模型和结构模型

第二节 失效模式

无论是功能模型还是结构模型，当系统被分析到约定层次的项目后，就需要对其进行失效模式的识别和确定。以下针对功能、结构和软件的失效模式分别进行介绍。

一、功能失效模式

功能失效模式要比结构失效模式抽象一些。功能失效模式包括（但不限于）以下类别：

（1）功能无法执行；

（2）功能错误执行；

（3）功能提前执行；

（4）功能提供了错误或误导信息；

（5）功能失效时，无法保证安全。

二、结构失效模式

结构失效模式包括完全失效、部分失效（如性能超差）和间歇失效。其中，完全失效意味着在要求的运行模式下部件功能完全丧失，例如一个电阻的开路或短路意味着它无法继续按预期方式工作；性能超差这种部分失效是指部件还在工作但已超出规定的运行边界，例如电阻的性能超差包括阻值过低或过高，但依然能够提供一定的电阻值；间歇失效是一种非持续性的失效，即失效以一种循环出现 / 消失的方式发生。

在一个典型的FMEA中，结构失效模式主要包括开路、表面过热、破碎、无法运行、短路、弯曲、错位、间歇运行、超差、过大/过小、粘连、降级运行、泄漏、断裂、锈蚀、无输出等。

三、软件失效模式

开展软件FMEA比机械或电气等硬件系统开展FMEA更复杂。例如，继电器和电阻等元器件的失效模式通常容易理解，机械和电气部件的失效一般是由于老化、磨损或应力造成的。但软件的失效则大不相同，因为软件模块本身并不失效，只是表现出不正确的行为。因此，面向软件的FMEA只能强调软件的不正确行为。

软件失效模式包括但不限于：软件功能无法执行；功能提供了不正确的结果；功能提前执行；未发送信息；信息发送得过早或过晚；发送错误信息；软件停止或崩溃；软件超出内部容量；软件错误启动；软件功能响应过慢等。

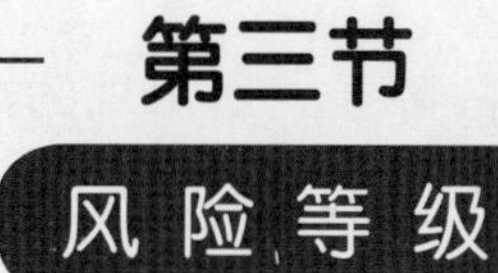

第三节 风险等级

一、风险等级划分

从安全性角度考虑，风险等级从严重程度和可能性两方面来确定危险的潜在影响，从而对事故风险进行定性度量。在可靠性领域采用了风险优先数（RPN），但对于安全性风险评估，RPN 并不适用。对于系统安全而言，通常采用 MIL-STD-882 中建议的风险等级，见表 1-1。

对于故障发展成为事故，其严重程度的等级划分可以根据故障模式对系统功能的影响程度进行考虑，一般分为 4 个等级，见表 4-1。

表 4-1　对系统功能的影响严重程度等级划分

等级	严重程度等级	内容
一	低的	● 对系统任务无影响 ● 对子系统的影响可忽略 ● 通过调整，故障易于消除
二	主要的	● 对系统任务虽有影响，但可忽略 ● 导致子系统功能下降 ● 出现的故障能立即修复
三	关键的	● 系统功能有所下降 ● 子系统功能严重下降 ● 故障不能通过检修予以修复
四	灾难性的	● 系统功能严重不足 ● 子系统功能严重丧失 ● 出现故障时，需彻底修理才能消除

二、故障率等级划分

故障概率是指在特定时间内故障模式所出现的次数。可根据具体情况来定时间，可以是一年、半年，或是大修间隔期，或是完成一项任务的周期，或是根据其他被认为合适的期间来决定。

可根据故障出现的概率来评定其等级，具体分级如下：

Ⅰ级（故障概率很低）：在运行期间发生故障的概率很小，以至于可忽略，即一种故障模式发生概率小于全部概率的 0.01。

Ⅱ级（故障概率低）：在运行期间发生故障是偶然的，即一种故障模式发生概率为全部概率的 0.01 ~ 0.1。

Ⅲ级（故障概率中等）：在运行期间发生故障的概率为中等，即一种故障模式发生概率为全部概率的 0.1 ~ 0.2。

Ⅳ级（故障概率高）：在运行期间发生故障的概率是很高的，即一种故障模式发生概率大于全部概率的 0.2。

有了严重程度和故障概率的数据，就可进行风险矩阵评价。以故障概率为纵坐标，严重程度为横坐标，画出风险等级矩阵图，如图 4–3 所示。将所有故障模式按其严重程度和概率分别填入矩阵图内，就可看出系统风险的密集情况。图 4–3 中可以分出低风险、中风险、高风险区域。这里要注意，画在一个风险矩阵内的故障模式要属于同一约定层次。

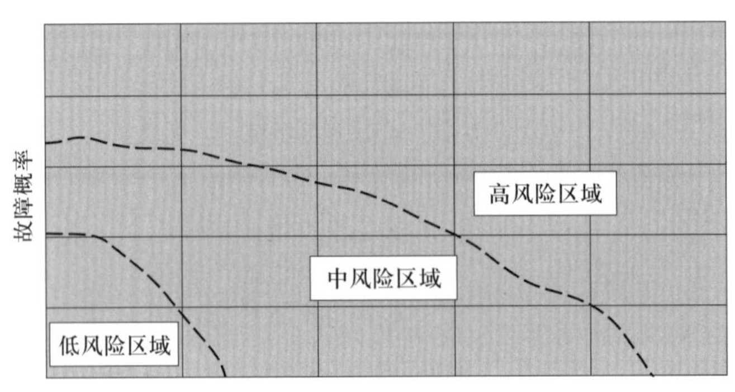

图 4–3　风险等级矩阵图

第四节 FMEA 过程和表格

一、FMEA 过程

图 4–4 概述了基本的 FMEA 过程，并总结了该过程中涉及的重要关系，基于可靠性理论，所有部件都具有固有的失效模式。

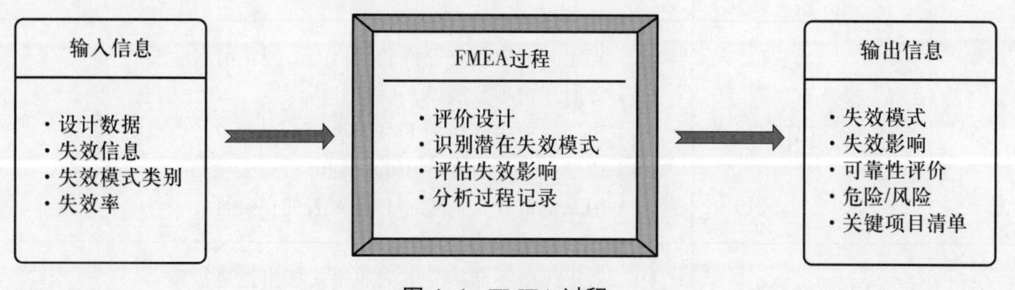

图 4–4　FMEA 过程

FMEA 的输入数据包括详细的硬件 / 功能设计信息。其中，设计数据可以采用诸如设计方案、运行方案、计划用于系统的主要部件和主要系统功能等形式，这些信息的来源包括设计规范、草图、图样、原理图、功能列表、功能框图和可靠性框图等。输入数据还包括失效信息、失效模式类别和失效率。FMEA 输出信息包括通过分析确定的系统失效模式、失效影响、可靠性评价、危险 / 风险和关键项目清单。

表 4–2 列出并说明了 FMEA 过程的基本步骤。

表 4–2　FMEA 过程的基本步骤

步骤	任务	说明
1	定义系统	（1）定义系统、确定其范围和边界 （2）定义任务、任务阶段和任务环境 （3）理解系统设计和运行过程 注意：所有步骤都适用于 FMEA

续表

步骤	任务	说明
2	制订 FMEA 计划	（1）明确 FMEA 目标、定义、分析表、日程安排和流程 （2）从功能 FMEA 开始，然后转而对安全性关键硬件（由功能 FMEA 确定）开展 FMEA （3）将被分析系统划分为能够满足分析需求的最小部分 （4）确定被分析的项目及其约定层次
3	选择分析团队	（1）选择参加 FMEA 的团队成员，明确各自责任 （2）注意发挥不同领域团队成员的专长（如设计、试验、制造等）
4	获取数据	（1）获取 FMEA 所有必需的系统、子系统和功能的设计和过程数据（如功能图、原理图和图纸等） （2）制定分析的项目约定层次 （3）识别分析中关注的实际失效模式并获取部件失效率
5	实施 FMEA	（1）确定并列出需要评价的项目 （2）针对评价项目清单，确定分析深度 （3）将项目清单转换为 FMEA 表 （4）通过完成 FMEA 表中的问题分析每个项目 （5）由系统设计人员验证 FMEA 表的正确性
6	建议改进措施	（1）对于风险不能接受的失效模式提出改进措施 （2）明确实施改进措施的责任和进度
7	监控纠正措施效果	（1）审查试验结果 （2）确保安全性建议和系统安全性要求在减轻危险方面达到预期效果
8	跟踪危险	将识别的危险录入危险跟踪系统
9	记录 FMEA	（1）在工作表格中记录全部 FMEA 过程 （2）更新信息并记录改进措施的落实情况

二、FMEA 表格

1. FMEA 表格的内容

一般情况下，FMEA 表格的具体格式并不严格，可以采取矩阵式、分栏式或文本式等。当 FMEA 用于支持系统安全和危险性分析时，至少应包含以下内容：

（1）失效模式；

（2）失效模式对系统的影响；

（3）失效导致的系统层危险；

（4）危险对事故影响的后果；

（5）失效模式和 / 或危险的原因；

（6）失效模式检测的方式；

（7）建议，例如可采用的安全性要求或规范等；

（8）所确定危险造成的风险。

2. FMEA 表格的形式

多年来，不同的项目、计划和学科中提出了多种不同的 FMEA 表格形式。表格的具体形式可由系统安全工作组、安全管理人员、可靠性分析人员等确定，但是应确保与安全性相关信息能够包含在表格中。基本的 FMEA 表格如图 4–5 所示，主要用于可靠性分析相关部门。

FMEA									
项目信息	失效模式	失效率	失效原因	直接影响	系统影响	RPN	检测方法	现有控制措施	建议措施

图 4–5　FMEA 分析表格示例 1

图 4–6 所示为用于安全性分析的另外一种表格，其中既包含了与安全性相关的系统信息，也包含了可靠性信息。在实际应用中，不同的分析或使用部门可以对 FMEA 表格进行调整，以满足特定需求。

FMEA										
系统：①				系统：②			系统：③			
项目	失效模式	失效率	失效原因	直接影响	系统影响	检测方法	现有控制措施	危险	风险	建议措施
④	⑤	⑥	⑦	⑧	⑨	⑩	⑪	⑫	⑬	⑭

图 4-6　FMEA 分析表格示例 2

三、FMEA 实例

表 4-3 是电子压力锅（示意图见图 4-7）的 FMEA 工作表，其中主要分析了安全阀、自动调温器、压力计和锅盖夹这 4 个部件的主要失效模式及其对系统的影响。

1. 系统描述

电子压力锅系统描述如下：

（1）压力锅靠线圈通电加热锅体；

（2）当电子压力锅锅体内的压力超过一定值时，依靠弹簧作用的安全阀会自动释放压力；

（3）当锅体温度加热升高至 250 ℃时，自动调温器会断开加热圈，停止加热；

（4）压力计分为红色区域和绿色区域两部分，当压力指针指向红色区域时，表示“压力过大”；

（5）高温 / 高压煮食物能充分消毒，压煮食物火候不够则不能杀死肉毒杆菌等致病菌。

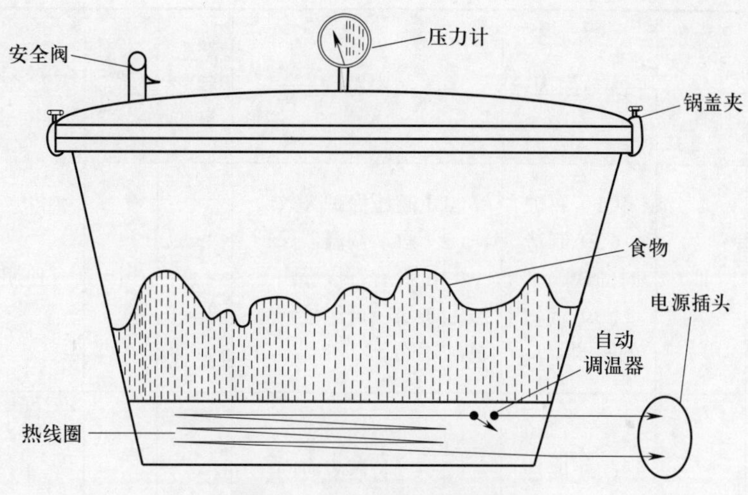

图 4–7　电子压力锅示意图

2. 操作步骤

在煮饭过程中需进行的操作步骤如下：

（1）给电子压力锅加载；

（2）封严电子压力锅；

（3）连接电源；

（4）观察压力；

（5）根据预定压力确定压煮时间；

（6）倒出食物。

3. 制定 FMEA 工作表

根据上述步骤，制定电子压力锅的 FMEA 工作表 4–3。

表 4–3　电子压力锅的 FMEA 工作表

项目信息	失效模式	故障概率等级	失效原因	故障影响	严重程度等级	风险等级	建议措施
安全阀	断开	Ⅲ	弹簧断开	（1）蒸汽灼烫 （2）延长压煮时间	3	中	立即紧固或更换

续表

项目信息	失效模式	故障概率等级	失效原因	故障影响	严重程度等级	风险等级	建议措施
安全阀	关闭	Ⅲ	（1）腐蚀 （2）制造时的缺陷 （3）食物的影响	（1）超压保护失效 （2）自动调温器保护 （3）没有直接影响 （4）潜在可能导致爆炸或烫伤	1	中	使用前检查
	漏气	Ⅲ	（1）腐蚀 （2）制造时的缺陷	（1）蒸汽灼烫 （2）延长压煮时间 （3）没有直接影响 （4）潜在可能导致爆炸或烫伤	3	中	（1）使用时保持安全距离 （2）提高警惕
自动调温器	断开	Ⅱ	有缺陷	（1）没有加热食物 （2）无法煮熟食物	4	低	（1）提高警惕 （2）及时更换
	关闭	Ⅱ	有缺陷	（1）持续加热 （2）安全阀保护	2	中	（1）提高警惕 （2）及时更换
压力计	假高压力读数	Ⅱ	有缺陷	（1）火候不够 （2）肉毒杆菌等致病菌没有被杀死 （3）使用者干预（任务没完成）	4	低	（1）提高警惕 （2）及时更换
	假低压力读数	Ⅱ	有缺陷	（1）食物煮过了 （2）如果自动调温开关没有关上，有可能安全阀保护释放蒸汽（也可能导致爆炸或烫伤）	2	中	（1）提高警惕 （2）及时更换
锅盖夹	断裂	Ⅰ	有缺陷	（1）爆炸压力释放 （2）碎片飞溅 （3）人员烫伤	1	中	（1）提高警惕 （2）使用时保持安全距离

注：上表中，故障概率等级根据故障模式的概率分级标准进行评定；严重程度根据表 1-1 严重程度等级划分；风险等级的确定是将故障概率和严重程度等级代入图 4-3 风险等级矩阵图中，最后划分为低、中、高三个风险区域。

本章小结

本章内容阐述了FMEA方法的产生背景、适用范围、相关基本概念、方法原理和应用过程，并给出了具体的应用例子。FMEA方法的目的是辨识单个故障类型造成的事故后果。适用于机电设备故障的分析，也可应用于连续生产工艺（硬件和软件系统分析）。该方法的不足之处是只能考虑单一产品失效造成的不良后果，不能考虑多种失效组合导致的后果，也不能识别、分析由于非失效原因（例如时序错误、辐射、高压）导致的危险。其优点是分析过程虽然是定性分析，但可以进一步拓展进行定量分析，从而较准确得到故障类型对系统的影响大小。

复习思考题

1. FMEA方法的适用范围是什么？

2. 简述FMEA的基本思路。

3. FMEA可以应用于哪些系统失效模式？

4. FMEA方法的优缺点各是什么？

5. 图4–8所示的系统是一个短时运行电机系统，电机如果运行时间过长则可能引起电机过热、短路。请对系统中按钮、继电器、熔断体和电机本身这4个部件进行FMEA。

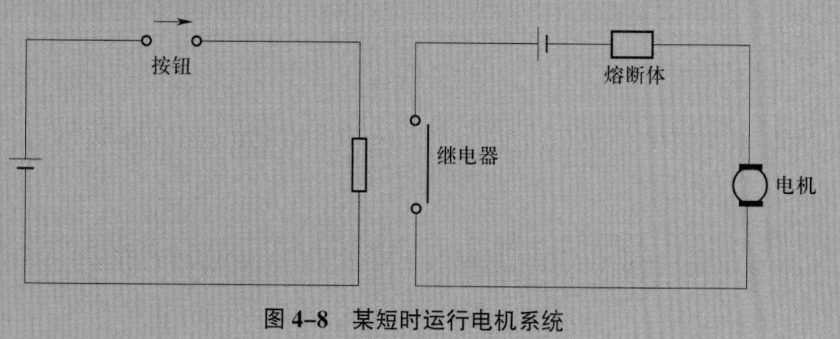

图4–8 某短时运行电机系统

第五章 事故树分析

事故树分析（fault tree analysis，FTA）也称故障树分析，它是从一个可能的事故（顶上事件）开始，自上而下、一层一层地寻找顶上事件的直接原因事件和间接原因事件，直到基本原因事件（基本事件），并用逻辑图把这些事件之间的逻辑关系表达出来。FTA 是一种演绎分析方法，即从结果分析原因。FTA 既可做定性分析，又可做定量分析。

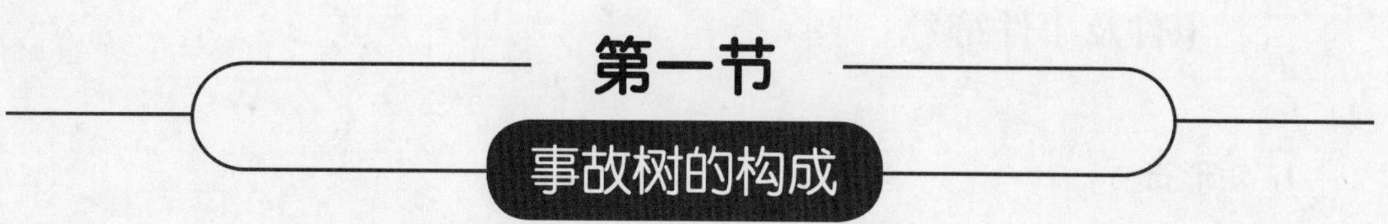

第一节 事故树的构成

一、事故树的基本结构

事故树的结构如图 5–1 所示。在事故树中，各事件之间的基本关系是因果逻辑关系，通常用逻辑门来表示。树中以逻辑门为中心，其上层事件是下层事件发生后所导致的结果，称为输出事件；下层事件是上层事件的原因，称为输入事件。

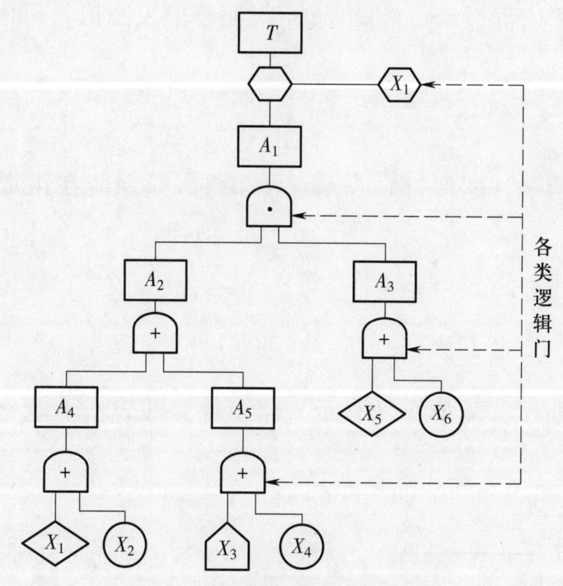

图 5–1　事故树的结构（示例）

所研究的特定事故被绘制在事故树的顶端，称为顶上事件，如图 5–1 中表示的事件 T。导致顶上事件发生的最初的原因事件绘制于事故树下部各分支的终端，称为基本事件，如图 5–1 中 X_i（i=1、2、3、4、5、6）所表示的事件。处于顶上事件和基本事件中间的事件称为中间事件，它们既是造成顶上事件的原因，又是由基本事件产生的结果，如图 5–1 中 A_i（i=1、2、3、4、5）所表示的事件。事故树是由各种事件符号和逻辑门符号等符号连接而成的。

二、事件及事件符号

1. 矩形符号

如图 5–2（a）所示，用矩形符号表示顶上事件或中间事件。可将事件扼要记入矩形框内，顶上事件需要具体明确，不宜太笼统，如“建筑工人从脚手架上坠落死亡”“道口火车与汽车相撞”等具体事故。

2. 圆形符号

如图 5–2（b）所示，圆形符号表示基本事件，可以是人的差错，也可以是设备机械故障、环境因素等。它表示最基本的事件，不能再继续往下分析了。例如“操作空间太小”“阀门打不开”等，将事故原因扼要记入圆形符号内。

3. 屋形符号

如图 5–2（c）所示，屋形符号表示正常事件，是系统在正常状态下发生的正常事件。

4. 菱形符号

如图 5–2（d）所示，菱形符号表示省略事件，即表示不能分析或者没有必要再分析下去的事件。

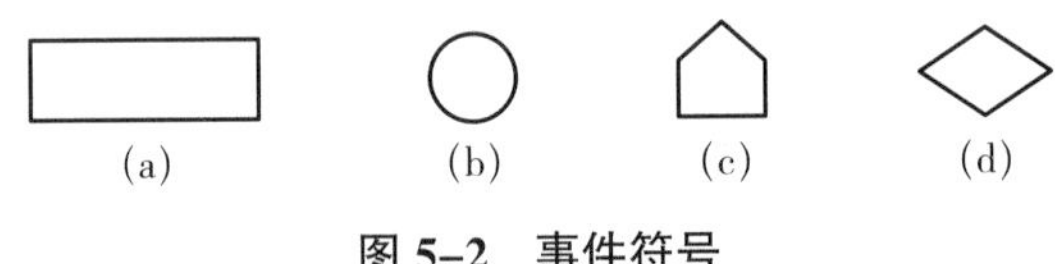

图 5–2　事件符号

三、逻辑门及其符号

逻辑门符号是连接各个事件并表示逻辑关系的符号，其中主要有与门、或门、条件与门、条件或门等。

1. 与门符号

与门符号如图 5-3（a）所示，表达逻辑关系为：在输入事件 B_1、B_2 同时发生前提下，输出事件 A 才会发生的连接关系，表现为逻辑积的关系，即：$A=B_1 \cap B_2$。当有若干输入事件时也是如此。

与门用与门电路图，来说明更容易理解，如图 5-3（b）所示。

当都接通时（B_1=1、B_2=1），电灯才亮（信号 X 出现），用布尔代数表示为：$X=B_1 \cdot B_2=1$。

当 B_1、B_2 中有一个断开或都断开时（B_1=1、B_2=0 或 B_1=0、B_2=1 或 B_1=0、B_2=0），电灯不亮（信号 X 不出现），用布尔代数表示为：$X=B_1 \cdot B_2=0$。

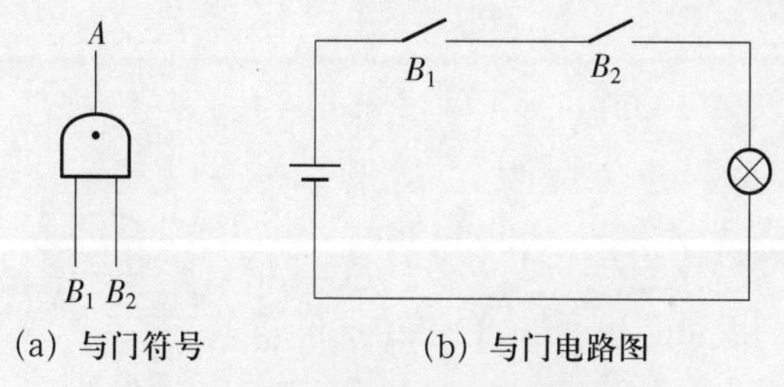

（a）与门符号　　（b）与门电路图

图 5-3　与门符号及与门电路图

2. 或门符号

或门符号如图 5-4（a）所示，表达逻辑关系为：在输入事件 B_1、B_2 中，任何一个事件发生都可以使输出事件 A 发生，表现为逻辑和的关系，即：$A=B_1 \cup B_2$。在有若干输入事件时，情况也是如此。

或门用或门电路图来说明更容易理解，如图 5-4（b）所示。

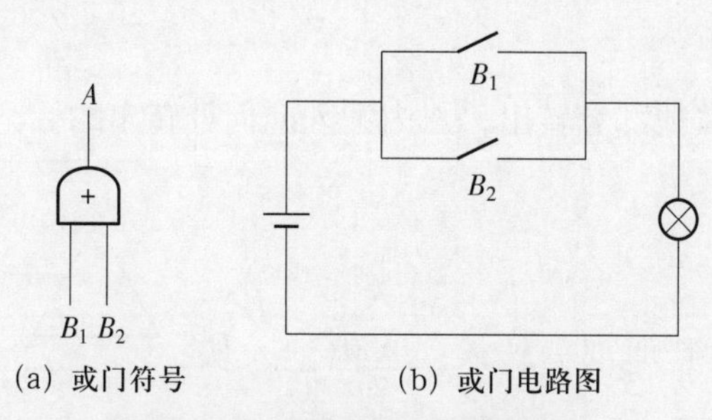

（a）或门符号　　（b）或门电路图

图 5-4　或门符号及或门电路图

当 B_1、B_2 中有一个接通或两个都接通时（B_1=1、B_2=0 或 B_1=0、B_2=1 或 B_1=1、B_2=1），电灯亮（信号 X 出现），用布尔代数表示为：$X=B_1+B_2=1$。

只有当 B_1、B_2 均断开时（B_1=0、B_2=0），电灯才不会亮（信号 X 不出现），用布尔代数表示为：$X=B_1+B_2=0$。

3. 条件与门符号

条件与门符号如图 5–5 所示，表示只有当 B_1、B_2 同时发生，且满足条件 α 的情况下，A 才会发生，相当于三个输入事件的与门，即：$A=B_1 \cap B_2 \cap \alpha$。

4. 条件或门符号

条件或门符号如图 5–6 所示，表示 B_1 或 B_2 任何一个事件发生，且满足条件 β，输出事件 A 才会发生。

图 5–5　条件与门符号　　图 5–6　条件或门符号

四、转移符号

当事故树规模很大，一张纸画不完，需要将某些部分画在别的纸上时，这就需要用到转出和转入符号（转移符号），以标出向何处转出和从何处转入。

1. 转出符号

转出符号表示向其他部分转出，△内记入向何处转出的标记，如图 5–7（a）所示。

2. 转入符号

转入符号表示从其他部分转入，△内记入从何处转入的标记，如图 5–7（b）所示。

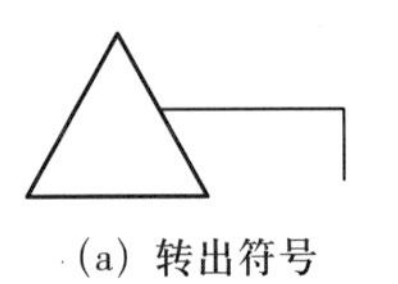

（a）转出符号

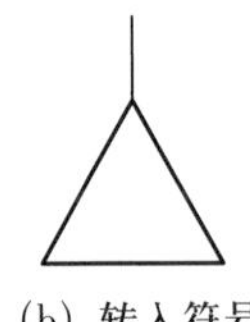

（b）转入符号

图 5–7　转移符号

第二节 事故树的数学描述

为了对事故树进行定性定量分析，需要利用逻辑（布尔）代数知识列出其逻辑关系表达式。布尔代数是集合论数学的组成部分，是一种逻辑运算方法，它特别适用于描述只能取两种对立状态的事物变化过程，这正适合于事故树分析中事件只有两种状态的特点。为了应用布尔代数表达事故树，需要先了解布尔代数逻辑运算及其法则。

一、布尔代数逻辑运算及其法则

布尔代数基本运算有三种，即逻辑加、逻辑乘、逻辑非。除此之外，事故树的数学描述还需要用到逻辑运算法则。

1. 逻辑加

给定两个命题 A、B，对它们进行逻辑运算后构成的新命题为 S，若 A、B 两者有一个成立（记为 1）或同时成立，S 就成立；否则 S 不成立（记为 0）。则这种 A、B 间的逻辑运算称为逻辑加，也叫“或”运算。构成的新命题 S，称为 A、B 的逻辑和，记为 $A \cup B=S$ 或 $A+B=S$。逻辑加相当于集合运算中的“并集”。根据逻辑加的定义可知：1+1=1；1+0=1；0+1=1；0+0=0。

2. 逻辑乘

给定两个命题 A、B，对它们进行逻辑运算后构成新的命题 P。若 A、B 同时成立，P 就成立；否则 P 不成立。则这种 A、B 间的逻辑运算称为逻辑乘，也叫“与”运算。构成的新命题 P 称为 A、B 的逻辑积，记为 $A \cap B=P$ 或 $A \times B=P$，也可记为

$AB=P$，均读作 A 乘 B 等于 P。逻辑乘相当于集合运算中的“交集”。根据逻辑乘的定义可知：$1\times1=1$；$1\times0=0$；$0\times1=0$；$0\times0=0$。

3. 逻辑非

给定一个命题 A，对它进行逻辑运算后，构成新的命题为 F，若 A 成立，F 就不成立；若 A 不成立，F 就成立。这种对 A 所进行的逻辑运算，称为命题 A 的逻辑非，构成的新命题 F 称为命题 A 的逻辑非。A 的逻辑非记为 $\overline{A}$，读作“A 非”。逻辑非相当于集合运算的求“补集”。根据逻辑非的定义可知：$\overline{1}=0$；$\overline{0}=1$；$\overline{\overline{1}}=1$；$\overline{\overline{0}}=0$。

4. 逻辑运算法则

布尔代数逻辑运算法则有很多，这里只介绍在事故树分析中几种常用的运算法则如下。

（1）对合律：$\overline{\overline{A}}=A$。

（2）互补律：$A+\overline{A}=1$；$A\times\overline{A}=0$。

（3）交换律：$A+B=B+A$；$AB=BA$。

（4）结合律：$A+(B+C)=(A+B)+C$；$A(BC)=(AB)C$。

（5）分配律：$A+BC=(A+B)(A+C)$；$A(B+C)=AB+AC$。

（6）等幂律：$A+A=A$；$A\times A=A$。

（7）吸收律：$A+AB=A$；$A(A+B)=A$。

（8）摩根定律：$\overline{A+B}=\overline{A}\,\overline{B}$；$\overline{AB}=\overline{A}+\overline{B}$。

（9）重叠率：$A+\overline{A}B=A+B$。

二、事故树的布尔代数表达式

图 5-8 是由于轿厢内壁油污过多、汽油等泄漏后遇到火源，或者是局部电气线路过热、电气线路老化引起短路打火遇易燃油类挥发引起汽车火灾的事故树。在该事故树中，各基本事件、中间事件以及顶上事件由与门、或门和条件与门连接，即呈现了各原因事件导致汽车事故发生的逻辑关系。

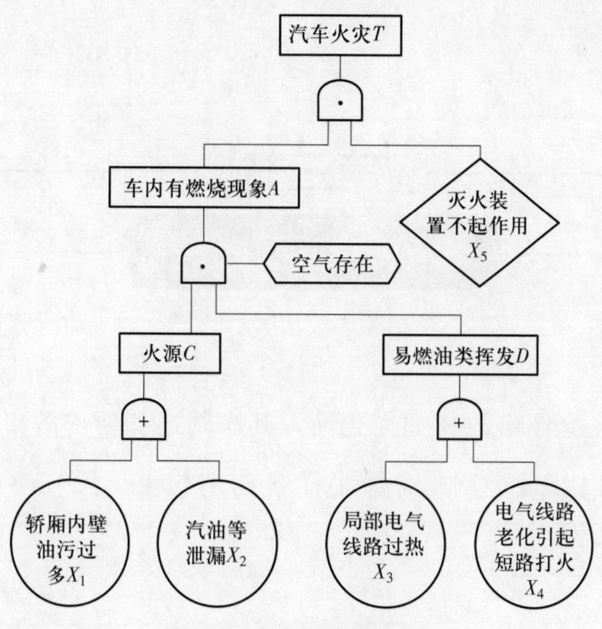

图 5-8 汽车火灾的事故树

用布尔代数表达式描述事故树有两个前提假设：一是事故树中的所有事件均只有两种状态，即发生（例如 X_i=1）和不发生（例如 X_i=0）；二是顶上事件是否发生的状态 $\Phi(X_i)$ 由基本事件 X_i 状态组合唯一确定。例如，顶上事件状态发生时 $\Phi(X_i)=1$，不发生时 $\Phi(X_i)=0$。

将事故树中连接各事件的逻辑门符号用相应的布尔代数运算表示，就得到了事故树的布尔代数表达式。通常，可以自上而下地将事故树逐步展开，便得到了布尔代数表达式。以图 5-8 所示的事故树结构为例，其布尔代数表达式及展开过程如下：

$$T=AX_5=CDX_5=(X_1+X_2)(X_3+X_4)X_5$$

即

$$T=X_1X_3X_5+X_2X_3X_5+X_1X_4X_5+X_2X_4X_5 \quad (5-1)$$

式 5-1 即是根据图 5-8 所示的事故树结构展开的布尔代数表达式。

第三节 事故树的定性分析

本节内容首先介绍事故树如何化简，其次阐述如何求解事故树中的最小割集、最小径集，以及最小割集、最小径集和结构重要度在事故树分析中的作用。

一、化简

在事故树编制完成之后，为了准确计算顶上事件的发生概率，需要化简事故树，消除多余事件，特别是在事故树的不同位置存在同一基本事件时，必须利用布尔代数进行整理，然后才能计算顶上事件的发生概率，否则就会造成定性分析或定量分析的错误。

事故树化简的方法就是反复运用布尔代数逻辑运算法则，化简的程序是：第一步，代数式若有括号应先去括号将函数展开；第二步，利用幂等律归纳相同的项；第三步，充分利用吸收律进行化简。

图 5-9 所示的事故树中有 3 个基本事件 X_1、X_2、X_3，根据其结构则布尔代数表达式为：$T=A_1A_2=X_1X_2(X_1+X_3)$

化简过程为：

$T=X_1X_2(X_1+X_3)$（未化简形式）

$=X_1X_2X_1+X_1X_2X_3$（应用分配律展开）

$=X_1X_2+X_1X_2X_3$（应用幂等律去除掉多余的 X_1）

$=X_1X_2$（应用吸收律去除掉多余的 X_3 后达到最简形式）

这样，图 5-9 所示的事故树经过化简后的等效树如图 5-10 所示。没简化时，

有无关事件 X_3；化简后，只要有 X_1、X_2 发生，不论 X_3 发生与否，顶上事件都发生。因此，必须化简，才能正确进行事故树的定性分析、定量分析。

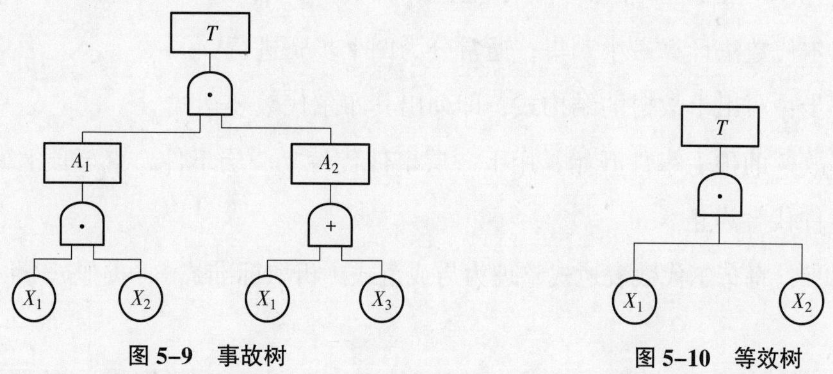

图 5-9　事故树　　　　图 5-10　等效树

二、最小割集及其求法

1. 最小割集的概念

如果事故树中的全部基本事件都发生，则顶上事件必然发生。但是，大多数情况下并不是一定要求所有基本事件都发生顶上事件才能发生，而是只要某些基本事件一起发生就可以导致顶上事件的发生。这些由于同时发生就能够导致顶上事件发生的基本事件集合称为割集。割集中的基本事件之间是逻辑“乘”（或称为“与”）的关系。

最小割集是指能够引起顶上事件发生的最低数量的基本事件的集合。最小割集指明了哪些基本事件同时发生就可以引起顶上事件发生的事故模式。

2. 最小割集的求法

（1）布尔代数化简法。这种方法的理论依据是：事故树的逻辑结构完全可以用最小割集来表示，用布尔代数法将事故树的结构式化简至最简单的若干交集的并集，即最简与或范式。事故树的布尔代数化简法和结构式化简法相似，所不同的只是“∪”与“+”的问题。实质上，布尔代数化简法中的“+”和结构式化简中的“∪”是一致的。用布尔代数法化简后，每一个交集（即若干事件的逻辑积）就是一个最小割集，最简与或范式中有几个交集（即逻辑和），则该事故树就有几个最小割集。

如某事故树的布尔代数表达式化简为：$T=X_1X_2+X_2X_3X_4+X_1X_4$，则该事故树有3个最小割集：$K_1=\{X_1, X_2\}$；$K_2=\{X_2, X_3, X_4\}$；$K_3=\{X_1, X_4\}$。

用布尔代数法计算最小割集，通常分为四个步骤进行：

第一步：写出事故树的结构式，即列出其布尔代数表达式。

从事故树的顶上事件开始，用下一层事件代替上一层事件，直至顶上事件被所有基本事件代替为止。

第二步：将布尔代数表达式整理为与或范式（析取标准式），类似$f=A_1+A_2+\cdots+A_n$形式。

第三步：化简与或范式为最简与或范式。

第四步：根据最简与或范式写出最小割集。

化简最普通的方法是，当求出割集后，对所有割集逐个进行比较，使之满足最简与或范式的条件。

以图5–8所示事故树为例，进行化简后得式5–1，则所得4个最小割集为：$K_1=\{X_1, X_3, X_5\}$；$K_2=\{X_2, X_3, X_5\}$；$K_3=\{X_1, X_4, X_5\}$；$K_4=\{X_2, X_4, X_5\}$。

（2）行列法。行列法是1972年由福塞尔提出的方法，所以也称其为福塞尔法。其理论依据是：与门使割集容量增加，而不增加割集的数量；或门使割集的数量增加，而不增加割集的容量。这种方法是从顶上事件开始，用下一层事件代替上一层事件，把与门连接的事件按行横向排列，把或门连接的事件按列纵向摆开。这样，逐层向下，直至各基本事件，列出若干行，最后利用布尔代数逻辑运算法则化简，便得到所求的最小割集。

以图5–9所示事故树为例，求其最小割集。

可以看到，顶上事件T与中间事件A_1、A_2是用与门连接的，所以，应当成行排列，即：

$$T\xrightarrow{\text{与门}}A_1A_2$$

A_1与下一层事件X_1、X_2的连接为与门，所以成行排列，即：

$$A_1A_2\xrightarrow{\text{与门}}X_1X_2A_2$$

A_2与下一层事件X_1、X_3的连接为或门，所以成列排列，即：

$$X_1X_2A_2 \xrightarrow{\text{或门}} \begin{cases} X_1X_2X_1 \\ X_1X_2X_3 \end{cases}$$

经布尔代数逻辑运算法则化简，得到一个最小割集：$\{X_1, X_2\}$ 与布尔代数法所得结果相同，如图 5-10 所示。

三、最小径集及其求法

1. 最小径集的概念

如果事故树中的全部基本事件都不发生，则顶上事件一定不会发生。但是，如果事故树中某些基本事件不同时发生，则也可以使得顶上事件不发生。这些不同时发生时，可以使顶上事件不发生的基本事件集合称为径集。径集中的基本事件之间是逻辑“加”（或称为“或”）的关系。

最小径集是指能够使得顶上事件不发生的最低数量的基本事件的集合。最小径集指明了哪些基本事件不同时发生就可以使顶上事件不发生的安全模式。

2. 最小径集的求法

求最小径集是利用它与最小割集的对偶性，首先做出与事故树对偶的成功树，就是把原来事故树的与门换成或门，或门换成与门，各类事件发生换成不发生。然后，求出成功树的最小割集，经对偶转换后就是事故树的最小径集，图 5-11 所示为两种常用的转换方法。

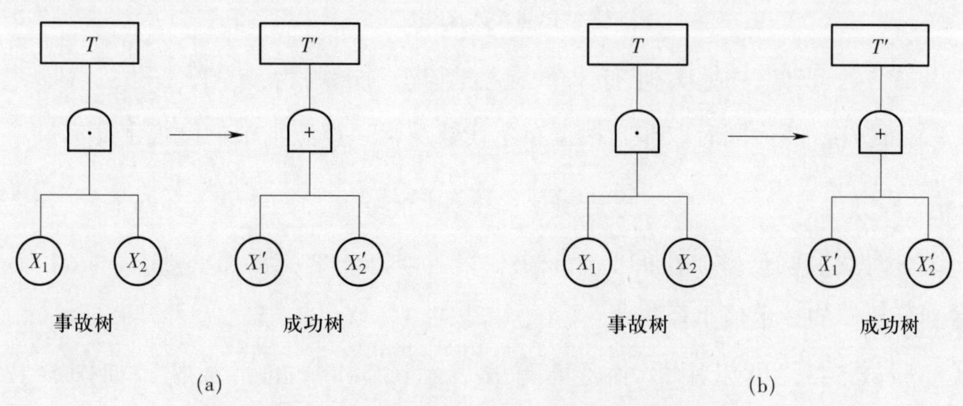

图 5-11　事故树对偶转换成功树的两种常用方法

为什么要这样转换呢？因为对于与门连接输入事件和输出事件的情况，只要有一个事件不发生，输出事件就可以不发生，所以在成功树中换用或门连接输入事件和输出事件；而对于或门连接的输入事件和输出事件的情况，则必须所有输入事件均不发生，输出事件才不发生，所以，在成功树中换用与门连接输入事件和输出事件。

图 5-12 所示为图 5-8 所示的事故树对偶的成功树，其中：T'、A'、C'、D'、X_1'、X_2'、X_3'、X_4'、X_5' 表示事件 T、A、C、D、X_1、X_2、X_3、X_4、X_5 不发生。

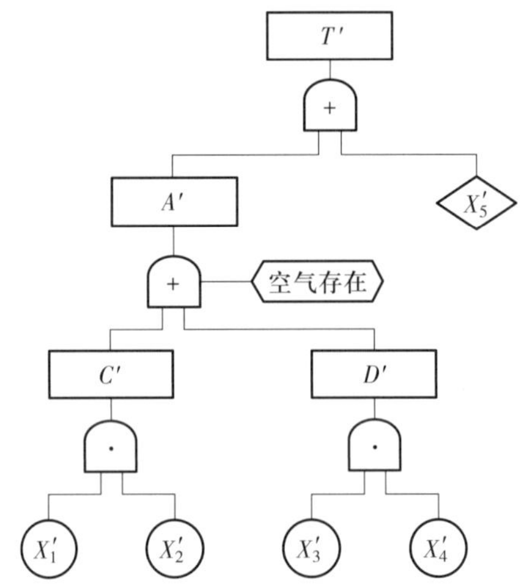

图 5-12　与图 5-8 所示事故树对偶的成功树

用布尔代数化简法求出图 5-12 所示成功树的最小割集：

$$T'=A'+X_5'$$

$$T'=C'+D'+X_5'$$

$$T'=X_1'X_2'+X_3'X_4'+X_5' \qquad (5\text{-}2)$$

由式 5-2 可见，成功树有 3 个最小割集，分别为：$\{X_1', X_2'\}$；$\{X_3', X_4'\}$；$\{X_5'\}$。对式 6-2 两边同时取非，根据布尔代数逻辑运算法则中的摩根定律有：

$$T=(X_1+X_2)(X_3+X_4)X_5 \qquad (5\text{-}3)$$

经对偶变换就是事故树的 3 个最小径集，即每一个逻辑和就是一个最小径集，则得到事故树的 3 个最小径集为：$\{X_1, X_2\}$；$\{X_3, X_4\}$；$\{X_5\}$。

按照式 5-3，可以用最小径集等效表示图 5-8 中的事故树，如图 5-13 所示。

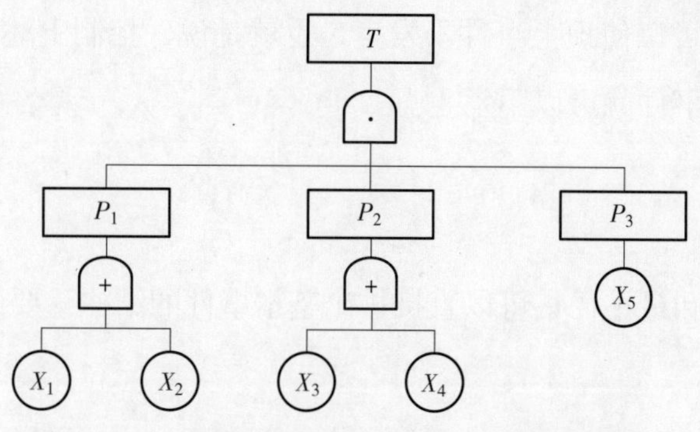

图 5–13 最小径集等效表示图 5–8 中的事故树

四、最小割集和最小径集在事故树分析中的作用

最小割集和最小径集在事故树分析中起着极其重要的作用，其中尤以最小割集最为突出。透彻掌握和灵活运用最小割集和最小径集，能使事故树分析起到事半功倍的效果，并为有效地控制事故的发生提供重要依据。最小割集和最小径集在事故树分析中的作用主要表现为以下四个方面。

1. 最小割集表示系统的危险性

一般认为，事故树的最小割集越多，系统越危险。求出最小割集可以掌握事故发生的各种可能，为事故调查和事故预防提供方便。

一起事故的发生，并不是都遵循一种固定的模式，如果求出了最小割集，就可以知道发生事故的所有可能途径。例如，求得图 5–8 所示事故树的最小割集为：$K_1=\{X_1, X_3, X_5\}$；$K_2=\{X_2, X_3, X_5\}$；$K_3=\{X_1, X_4, X_5\}$；$K_4=\{X_2, X_4, X_5\}$。这表明，造成顶上事件（事故）发生的途径共 4 种，即 K_1 或 K_2 或 K_3 或 K_4 发生。这种方法对全面掌握事故发生规律，找出隐藏的事故模式是非常有效的，而且对事故的预防工作提供了比较全面的信息。

2. 最小径集表示系统的安全性

一般认为，事故树的最小径集越多，系统越安全。求出最小径集可以知道，要使事故不发生，有几种可能方案。例如，如图 5–13 所示共有 3 个最小径集：$\{X_1, X_2\}$；$\{X_3, X_4\}$；$\{X_5\}$。从这个最小径集图的结构看出，只要卡断与门下的任何一

个最小径集 P_i，就可以使顶上事件不发生，也就是说，控制上述三组事件中的任何一组不发生，顶上事件就可以不发生。

3. 排序

利用最小割集和最小径集可以直接排出基本事件的结构重要度顺序。

4. 定量分析

利用最小割集和最小径集可以计算顶上事件的发生概率和进行其他的定量分析。

五、结构重要度分析

结构重要度分析是指从事故树结构上分析各基本事件对顶上事件影响的重要程度。结构重要度分析一般可以采用两种方法：一种是精确求出结构重要度系数，以系数大小排列各基本事件的重要度顺序；另一种是用最小割集或最小径集排出结构重要度顺序，是近似判断方法。

1. 求各基本事件的结构重要度系数

在事故树分析中，各个事件都有两种状态：一种状态是发生，即 $X_i=1$；另一种状态是不发生，即 $X_i=0$。各个基本事件状态的不同组合又构成了顶上事件的不同状态：一种是顶上事件发生，即 $\Phi(x)=1$；另一种是顶上事件不发生，即 $\Phi(x)=0$。

在某个基本事件 X_i 的状态由 0 变成 1（即 $0_i \rightarrow 1_i$），其他基本事件的状态保持不变，顶上事件的状态变化可能有以下 3 种情况：

（1）$\Phi(0_i, X)=0 \rightarrow \Phi(1_i, X)=0$，则 $\Phi(1_i, X)-\Phi(0_i, X)=0$；

（2）$\Phi(0_i, X)=0 \rightarrow \Phi(1_i, X)=1$，则 $\Phi(1_i, X)-\Phi(0_i, X)=1$；

（3）$\Phi(0_i, X)=1 \rightarrow \Phi(1_i, X)=1$，则 $\Phi(1_i, X)-\Phi(0_i, X)=0$。

第一种情况和第三种情况都不能说明 X_i 的状态变化对顶上事件的发生能起到什么作用，唯有第二种情况能说明 X_i 能起到的作用；当基本事件 X_i 的状态从 0 变为

1，其他基本事件的状态保持不变，顶上事件的状态由不发生即 Φ（0_i，X）=0 变为发生，即 Φ（1_i，X）=1。也就是说，这个基本事件 X_i 的状态变化对顶上事件的发生与否起到了作用。把所有这样的情况累加起来，除以 n–1（n 是该事故树的基本事件总数）个基本事件的状态组合数（即 2^{n-1}）定义为结构重要度系数 $I_{\Phi(i)}$，则其计算式为：

$$I_{\Phi(i)} = \frac{1}{2^{n-1}} \sum [\Phi(1_i, X) - \Phi(0_i, X)] \tag{5-4}$$

【例 5–1】 以如图 5–14 所示的事故树为例，求出各基本事件的结构重要度系数。

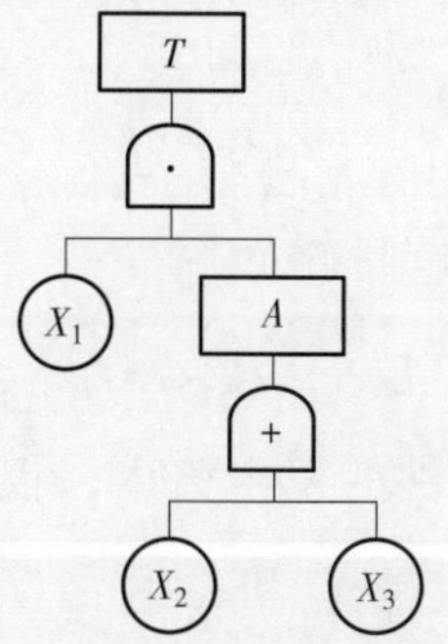

图 5–14 事故树（例 5–1）

图 5–14 所示的事故树共有 3 个基本事件，即 X_1、X_2、X_3，根据事故树逻辑结构，基本事件的状态值和顶上事件 Φ（X）的状态值见表 5–1。

表 5–1 基本事件的状态值和顶上事件 Φ（X）的状态值

编号	X_1	X_2	X_3	Φ（X）
1	0	0	0	0
2	0	1	0	0
3	0	0	1	0
4	0	1	1	0
5	1	0	0	0
6	1	1	0	1
7	1	0	1	1
8	1	1	1	1

以基本事件 X_1 为例，由表 5–1 可以看出，若基本事件 X_1 发生（X_1=1），不管其他基本事件发生与否，则顶上事件也发生［$\Phi(X)$=1］的有 3 个组合，即编号 6，7，8。而这 3 个组合在 X_2 和 X_3 状态相同的对应的对照组中，基本事件 X_1 的状态由发生（X_1=1）变为不发生（X_1=0）时，其顶上事件也由发生［$\Phi(X)=1$］变为不发生［$\Phi(X)=0$］的组合就是这 3 对对照组，即 $\sum[\Phi(1_i, X)-\Phi(0_i, X)]=3$。根据式 5–4 可得事件 X_1 的结构重要度系数为：

$$I_{\Phi(1)}=\frac{1}{4}\times 3=\frac{3}{4}$$

同样，可以求出事件 X_2 和事件 X_3 的结构重要度系数为：

$$I_{\Phi(2)}=\frac{1}{4}$$

$$I_{\Phi(3)}=\frac{1}{4}$$

因此，各基本事件结构重要度排序如下：

$$I_{\Phi(1)}>I_{\Phi(2)}=I_{\Phi(3)}$$

这表明，如果不考虑基本事件的发生概率，仅从基本事件在事故树结构中所在位置来看，事件 X_1 最重要，其次是 X_2 和 X_3。

2. 用最小割集或最小径集进行结构重要度比较分析

（1）最小割集或最小径集排列方法。这种直接排序方法的基本原则如下：

1）看频率。当最小割集中的基本事件个数不等时，基本事件少的割集中的基本事件比基本事件多的割集中的基本事件结构重要度大。

例如，某事故树的最小割集有 4 个，分别为 $\{X_1, X_2, X_3, X_4\}$、$\{X_5, X_6\}$、$\{X_7\}$、$\{X_8\}$。从其结构情况看，第三、第四两个最小割集都只有一个基本事件，所以 X_7 和 X_8 的结构重要度最大；其次是 X_5 和 X_6，因为它们位于两个基本事件的最小割集中；重要最小的是 X_1、X_2、X_3 和 X_4，因为它们所在的最小割集中基本事件最多（4 个）。因此，各基本事件的结构重要度顺序为：

$$I_{\Phi(7)}=I_{\Phi(8)}>I_{\Phi(5)}=I_{\Phi(6)}>I_{\Phi(1)}=I_{\Phi(2)}=I_{\Phi(3)}=I_{\Phi(4)}$$

2）看频数。当最小割集中基本事件的个数相等时，在各最小割集中重复出现的基本事件，比只在一个最小割集中出现的基本事件结构重要度大；重复次数多的比重复次数少的结构重要度大。

例如，某事故树有 8 个最小割集，分别是｛X_1，X_5，X_7，X_8｝、｛X_1，X_6，X_7，X_8｝、｛X_2，X_5，X_7，X_8｝、｛X_2，X_6，X_7，X_8｝、｛X_3，X_5，X_7，X_8｝、｛X_3，X_6，X_7，X_8｝、｛X_4，X_5，X_7，X_8｝、｛X_4，X_6，X_7，X_8｝。

在这 8 个最小割集中，X_7 和 X_8 各出现过 8 次；X_5 和 X_6 各出现过 4 次；X_1、X_2、X_3 和 X_4 各出现过 2 次。这样，尽管 8 个最小割集基本事件个数都相等（4 个），但由于各基本事件在其中出现的次数不同，仍可以排出其结构重要度顺序：

$$I_{\Phi(7)}=I_{\Phi(8)}>I_{\Phi(5)}=I_{\Phi(6)}>I_{\Phi(1)}=I_{\Phi(2)}=I_{\Phi(3)}=I_{\Phi(4)}$$

3）看频率又看频数。在基本事件少的最小割集中出现次数少的事件与基本事件多的最小割集中出现次数多的事件相比较，一般前者大于后者。

例如，某事故树的最小割集为｛X_1｝、｛X_2，X_3｝、｛X_2，X_4｝、｛X_2，X_5｝，则其结构重要度顺序为：

$$I_{\Phi(1)}>I_{\Phi(2)}>I_{\Phi(3)}=I_{\Phi(4)}=I_{\Phi(5)}$$

上述原则对最小径集同样适用。当然，也可以用两种方法互相检验结果的正确性。

（2）简易算法。给每一个最小割集都赋予 1，而最小割集中每个基本事件都得到相同的一份，然后每个基本事件积累得分，按其得分多少，排出结构重要度的顺序。

【例 5-2】 某事故树最小割集：K_1=｛X_5，X_6，X_7，X_8｝；K_2=｛X_3，X_4｝；K_3=｛X_1｝；K_4=｛X_2｝。试确定各基本事件的结构重要度。

解： 因为，$X_5=X_6=X_7=X_8=\frac{1}{4}$；$X_3=X_4=\frac{1}{2}$；$X_1=X_2=1$。

所以，$I_{\Phi(1)}=I_{\Phi(2)}>I_{\Phi(3)}=I_{\Phi(4)}>I_{\Phi(5)}=I_{\Phi(6)}=I_{\Phi(7)}=I_{\Phi(8)}$。

（3）应用近似计算式进行结构重要度分析判断排序。具体计算式有如下两种。

$$I_{\Phi(i)}=\sum_{x_i\in K_j}\frac{1}{2^{n_j-1}} \tag{5-5}$$

式 5-5 中，n_j-1 为第 i 个基本事件所在 K_j 中各基本事件总数减 1；$I_{\Phi(i)}$ 为第 i 个基本事件的结构重要度系数。

$$I_{\Phi(i)}=1-\prod_{x_i\in K_i}\left(1-\frac{1}{2^{n_j-1}}\right) \tag{5-6}$$

式 5-6 中，$I_{\Phi(i)}$ 为第 i 个基本事件的结构重要度系数；n_j 为第 i 个基本事件所

在 K_j 的基本事件总数；n_j-1 为 2 的指数。

【例 5-3】 已知某事故树的最小割集：$K_1=\{X_1, X_2, X_3\}$；$K_2=\{X_1, X_2, X_4\}$。利用式 5-5 和式 5-6 求 $I_{\Phi(i)}$。

解：①根据式 5-5 可得：$I_{\Phi(1)}=\frac{1}{2^2}+\frac{1}{2^2}=\frac{1}{2}$；$I_{\Phi(2)}=\frac{1}{4}+\frac{1}{4}=\frac{1}{2}$；$I_{\Phi(3)}=\frac{1}{2^2}=\frac{1}{4}$；$I_{\Phi(4)}=\frac{1}{4}$。

因此：$I_{\Phi(1)}=I_{\Phi(2)}>I_{\Phi(3)}=I_{\Phi(4)}$。

②根据式 5-6 可得：$I_{\Phi(1)}=I_{\Phi(2)}=1-\left(1-\frac{1}{2^2}\right)\left(1-\frac{1}{2^2}\right)=\frac{7}{16}$；$I_{\Phi(3)}=I_{\Phi(4)}=1-\left(1-\frac{1}{2^2}\right)=\frac{1}{4}$。

因此：$I_{\Phi(1)}=I_{\Phi(2)}>I_{\Phi(3)}=I_{\Phi(4)}$。

可见，求出的排序结果一致。

【例 5-4】 已知某事故树的最小割集：$K_1=\{X_1, X_2\}$；$K_2=\{X_3, X_4, X_5\}$；$K_3=\{X_3, X_4, X_6\}$。利用式 5-5 和式 5-6 求 $I_{\Phi(i)}$。

解：①根据式 5-5 可得：$I_{\Phi(1)}=I_{\Phi(2)}=\frac{1}{2}$；$I_{\Phi(3)}=I_{\Phi(4)}=\frac{1}{4}+\frac{1}{4}=\frac{1}{2}$；$I_{\Phi(5)}=I_{\Phi(6)}=\frac{1}{2^2}=\frac{1}{4}$。

因此：$I_{\Phi(1)}=I_{\Phi(2)}=I_{\Phi(3)}=I_{\Phi(4)}>I_{\Phi(5)}=I_{\Phi(6)}$。

②根据式 5-6 可得：$I_{\Phi(1)}=I_{\Phi(2)}=1-\left(1-\frac{1}{2}\right)=\frac{1}{2}$；$I_{\Phi(3)}=I_{\Phi(4)}=1-\left(1-\frac{1}{2^{3-1}}\right)\left(1-\frac{1}{2^{3-1}}\right)=\frac{7}{16}$；$I_{\Phi(5)}=I_{\Phi(6)}=1-\left(1-\frac{1}{2^{3-1}}\right)=\frac{1}{4}$。

因此：$I_{\Phi(1)}=I_{\Phi(2)}>I_{\Phi(3)}=I_{\Phi(4)}>I_{\Phi(5)}=I_{\Phi(6)}$。

可见，用式 5-5 和式 5-6 求出的排序结果不一样，就其正确性（精度大小）而言，用式 5-6 求出的结果是正确的。

由例 5-3 和例 5-4 的计算过程可见，利用近似计算式求解结构重要度排序时，可能出现误差。因此，应酌情选用。一般来说，对于最小割集中的基本事件个数（n_j）相同时，利用式 5-5 和式 5-6 均可得到正确的排序；若最小割集（最小径集）间的阶数差别较大时，式 5-5 和式 5-6 都可以保证排列顺序的正确；若最小割集

（最小径集）间的阶数差别仅为 1 阶或 2 阶时，使用式 5–5 就可能产生较大的误差，式 5–6 的所求结果的精度更高。另外，式 5–5 和式 5–6 同样适用于最小径集，只要把 K_j 改成 P_j 即可。

分析结构重要度，排出各基本事件的结构重要度顺序，可以从事故树结构上了解各基本事件对顶上事件发生的影响程度，可以根据重要度顺序安排防护措施，加强风险控制，也可以依此顺序编写安全检查表。

对于最小割集来说，它与顶上事件用或门相连，显然最小割集的个数越少越安全，越多越危险。而每个最小割集中的基本事件与第二层事件用与门连接，因此割集中的基本事件越多越有利，基本事件少的割集就是系统的薄弱环节。对于最小径集来说，恰好与最小割集相反，径集数越多越安全，基本事件多的径集是系统的薄弱环节。

第四节 事故树的定量分析

事故树的定量分析包含顶上事件发生概率计算和概率重要度、临界重要度分析的内容。为了进行顶上事件发生概率计算，需要了解概率和与概率积如何进行计算。

一、概率和与概率积的计算

n 个独立事件 A、B、C、…、N 发生概率的计算式为：

$$P(A+B+C+\cdots+N)=1-[1-P(A)][1-P(B)][1-P(C)]\cdots[1-P(N)] \tag{5-7}$$

式 5-7 中，P 为 n 个独立事件 A、B、C、…、N 发生概率，亦称为 n 个独立事件的概率和。

n 个独立事件 A、B、C、…、N 同时发生的概率 P，亦称为 n 个独立事件的概率积，其计算式为：

$$P(ABC\cdots N)=P(A)P(B)P(C)\cdots P(N) \tag{5-8}$$

二、顶上事件发生概率的计算

已知各基本事件的发生概率，若各基本事件又是独立事件时，就可以计算顶上事件发生概率。目前，计算顶上事件发生概率的方法有若干种，比较常用的有直接分步算法、利用最小割集计算顶上事件发生概率、利用最小径集计算顶上事件发生概率以及顶上事件发生概率的近似计算等。

1. 直接分步算法

对给定的事故树，若已知其结构函数和基本事件的发生概率，从原则上来讲，应用概率和和概率积的计算式就可以求得顶上事件发生概率。

设基本事件 X_1、X_2、…、X_n 的发生概率分别为 q_1、q_2、…、q_n，则逻辑加（或门连接的事件）的概率计算公式为：

$$Q(X_1 \cup X_2 \cup \cdots \cup X_n)= 1-(1-q_1)(1-q_2)\cdots(1-q_n)= 1-\prod_{i=1}^{n}(1-q_i)=P_0 \quad (5\text{-}9)$$

式 5-9 中，Q 为顶上事件（或门事件）发生概率的函数；P_0 为或门事件的概率；q_i 为第 i 个基本事件的概率；n 为基本事件数。

逻辑乘（与门连接的事件）的概率计算公式为：

$$Q(X_1 \cup X_2 \cup \cdots \cup X_n)=q_1q_2\cdots q_n=\prod_{i=1}^{n}q_i=P_A \quad (5\text{-}10)$$

式 5-10 中，P_A 为与门事件的概率；其他符号同上。

直接分步算法适于在事故树规模不大且事故树中无重复事件时使用，从底部的门事件算起，逐次向上推移，直至算到顶上事件为止。

【例 5-5】 如图 5-15 所示的事故树，已知各基本事件发生概率，求顶上事件发生概率。其中：q_1=0.01；q_2=0.01；q_3=0.02；q_4=0.02；q_5=0.03；q_6=0.03；q_7=0.04；q_8=0.04。

解：（1）先求 M_3 事件发生的概率。因为是或门连接，故按式 5-9 求得：

$$P_{M_3}=1-(1-0.03)(1-0.04)(1-0.04)=1-0.839\,395=0.106\,05$$

（2）求 M_2 事件发生的概率。因为是与门连接，按式 5-10 求得：

$$P_{M_2}=0.02\times0.106\,05\times0.02\times0.03=0.000\,001\,27$$

（3）求 M_1 事件发生的概率。因为是与门连接，按式 5-10 求得：

$$P_{M_1}=0.01\times0.01=0.000\,1$$

（4）求 T 事件发生的概率。因为是或门连接，故按式 5-10 求得：

$$P_T=1-(1-0.001)(1-0.000\,001\,27)=0.001$$

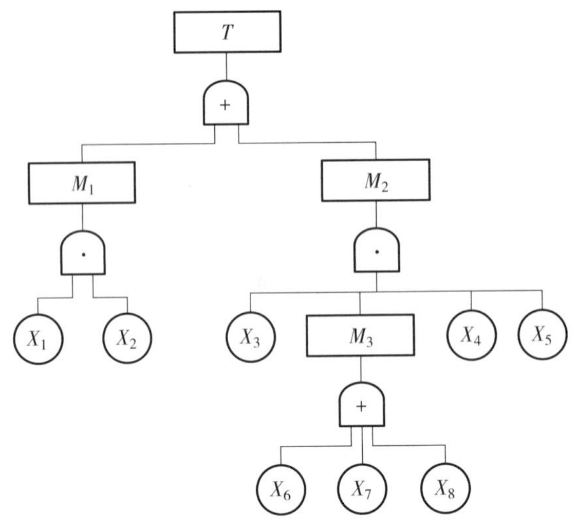

图 5–15　事故树（例 5–5）

2. 利用最小割集计算顶上事件发生概率

无论根据最小割集还是最小径集计算顶上事件发生概率，都可以进行精确计算或近似计算。事故树的最小割集求出后，可以分两种情况计算顶上事件发生概率的值。

（1）各最小割集无重复基本事件。如果各最小割集间无重复基本事件，就可以按照上述直接分步算法的原则，先计算各个最小割集内各基本事件概率的积，再计算各最小割集概率的和，从而求得顶上事件发生概率：

$$Q = \coprod_{r=1}^{k} \prod_{x_i \in K_r} q_i \qquad (5\text{–}11)$$

式 5–11 中，Q 为顶上事件发生概率；q_i 为第 i 个基本事件概率；r 为最小割集的序数；$x_i \in K_r$ 为第 i 个基本事件属于第 r 个最小割集。

【例 5–6】 设某事故树有 3 个最小割集：$K_1=\{X_1, X_3\}$；$K_2=\{X_2, X_4\}$；$K_3=\{X_5, X_6\}$。各基本事件发生概率分别为 q_1、q_2、q_3、q_4、q_5、q_6，求顶上事件发生概率。

解：根据式 5–11 可得：

$$\begin{aligned} Q &= \coprod_{r=1}^{3} \prod_{x_i \in K_r} q_i \\ &= 1 - \left(1 - \prod_{x_i \in K_1} q_i\right)\left(1 - \prod_{x_i \in K_2} q_i\right)\left(1 - \prod_{x_i \in K_3} q_i\right) \\ &= 1 - (1 - q_1 q_3)(1 - q_2 q_4)(1 - q_5 q_6) \end{aligned}$$

顶上事件发生概率即求所有最小割集的逻辑或，得：

$$Q=1-(1-q_{Q_1})(1-q_{Q_2})(1-q_{Q_3})$$
$$=1-(1-q_1q_2)(1-q_3q_4q_5)(1-q_6q_7)$$

从结果可看出，顶上事件发生概率等于各个最小割集概率积的和。

（2）各最小割集有重复基本事件。如果各最小割集间有重复基本事件，则式 5–11 不成立。此时，计算顶上事件发生概率需将式 5–11 展开，用布尔代数消除每个概率积中的重复事件，得：

$$Q=\sum_{r=1}^{N_K}\prod_{x_i\in K_r}q_i-\sum_{1\leqslant r\leqslant s\leqslant N_K}\prod_{x_i\in K_r\cup K_s}q_i+\cdots+(-1)^{N_K-1}\prod_{r=1}^{N_K}q_i \tag{5–12}$$

式 5–12 中，r、s 为最小割集序数；$\sum_{r=1}^{N_K}$为求 N_K 项代数和；$x_i\in K_r$ 为属于第 r 个最小割集的第 i 个基本事件；$\sum_{1\leqslant r\leqslant s\leqslant N_K}\prod_{x_i\in K_r\cup K_s}$ 为属于任意两个不同最小割集的基本事件概率和的代数和；$x_i\in K_r\cup K_s$ 为第 i 个基本事件属于第 r 个最小割集或属于第 s 个最小割集；$1\leqslant r\leqslant s\leqslant N_K$，$N_K$ 为任意两个最小割集的组合顺序。

【例 5–7】　设某事故树有 3 个最小割集：$K_1=\{X_1,X_2\}$；$K_2=\{X_2,X_3,X_4\}$；$K_3=\{X_2,X_5\}$。各基本事件发生概率分别为 q_1、q_2、q_3、q_4、q_5 求顶上事件发生概率。

解：根据式 5–12 可得：

$$Q=(q_1q_2+q_2q_3q_4+q_2q_5)-(q_1q_2q_3q_4+q_1q_2q_5+q_2q_3q_4q_5)+q_1q_2q_3q_4q_5$$

3. 利用最小径集计算顶上事件发生概率

（1）各最小径集无重复基本事件。如果各最小径集中彼此没有重复的基本事件，则可以先求各个最小径集的概率，即最小径集所包含基本事件的并（逻辑或）集的概率，然后求所有最小径集的交（逻辑与）集概率，即得顶上事件发生概率，因此：

$$Q_G=\prod_{r=1}^{N_P}\bigcup_{x_i\in P_r}q_i=\prod_{r=1}^{N_P}\left[1-\bigcap_{x_i\in P_r}(1-q_i)\right] \tag{5–13}$$

式 5–13 中，N_P 为系统中最小径集数；r 为最小径集序数；$x_i\in P_r$ 为第 i 个基本事件属于第 r 个最小径集；q_i 为第 i 个基本事件发生概率。

【例 5–8】　设某事故树有 3 个最小径集：$P_1=\{X_1,X_2\}$；$P_2=\{X_3,X_4,X_5\}$；$P_3=\{X_6,X_7\}$。各基本事件发生概率分别为 q_1、q_2、…、q_7，求顶上事件发生概率。

解：根据事故树的3个最小径集，做出用最小径集表示的等效图，如图5–16所示。

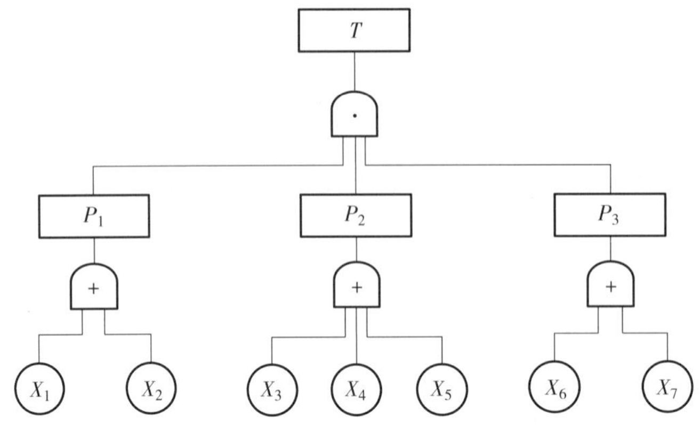

图5–16　用最小径集表示的等效图

顶上事件发生概率即求所有最小径集的逻辑与，得：

$$Q=[1-(1-q_1)(1-q_2)][1-(1-q_3)(1-q_4)(1-q_5)][1-(1-q_6)(1-q_7)]$$

（2）各最小径集有重复基本事件。若各个最小径集间有重复基本事件，则式5–13不成立。需要将式5–13展开，消去概率积中基本事件 x_i 不发生概率（$1-q_i$）的重复事件，即：

$$Q_G=\sum_{r=1}^{N_P}\prod_{x_i\in P_r}(1-q_i)+\sum_{1\leqslant r\leqslant s\leqslant N_P}\prod_{x_i\in P_r\cup P_s}(1-q_i)-\cdots+(-1)^{N_P-1}\prod_{x_i\in P_r}^{N_P}(1-q_i) \quad (5\text{–}14)$$

【例5–9】 某事故树共有3个最小径集：$P_1=\{X_1, X_2\}$；$P_2=\{X_2, X_3\}$；$P_3=\{X_2, X_4\}$。各基本事件发生的概率分别为 q_1、q_2、q_3、q_4，求顶上事件发生概率。

解：根据式5–14，得：

$$\begin{aligned}Q=1-&[(1-q_1)(1-q_2)+(1-q_2)(1-q_3)+(1-q_2)(1-q_4)]+\\&[(1-q_1)(1-q_2)(1-q_3)+(1-q_1)(1-q_2)(1-q_4)+\\&(1-q_2)(1-q_3)(1-q_4)]-(1-q_1)(1-q_2)(1-q_3)(1-q_4)\end{aligned}$$

4. 顶上事件发生概率的近似计算

在事故树分析时，采用上述方法计算顶上事件发生概率的工作量是相当大的，且随着事故树最小割集数目的增加，其判断、计算量按指数规律增长。因此，当事故树的最小割集数目较多时，会发生组合爆炸问题，即使用计算机进行计算，往往也很难实现。另外，由于难以求得各基本事件发生概率的准确数值，过分追求计算式的精确度无实际意义。因此，顶上事件发生概率的近似计算显得很有必要。

事件发生概率的近似计算方法是利用最小割集计算得到的。一般情况下，可以假定所有基本事件都是统计独立的，因而每个割集也是统计独立的。近似计算方法有首项近似法和平均近似法两种。

（1）首项近似法。根据式 5–12，设：

$$\sum_{r=1}^{N_K}\prod_{x_i \in K_r} q_i = F_1$$

$$\sum_{1 \leqslant r < s \leqslant N_K}\prod_{x_i \in K_r \cup K_s} q_i = F_i$$

$$\prod_{r=1}^{N_K} q_i = F_{N_K}$$

则式 5–12 可改写为：

$$Q=F_1-F_2+\cdots+(-1)^{N_K-1}F_{N_K} \tag{5-15}$$

逐次求出 F_1、F_2、…、F_{N_K} 的值，当认为满足计算精确度时就可以停止计算。通常 $F_1 \geqslant F_2$、$F_2 \geqslant F_3$、…，在近似计算时往往求出 F_1 就能满足要求，即：

$$Q \approx F_1 = \sum_{r=1}^{N_K}\prod_{x_i \in K_r} q_i \tag{5-16}$$

式 5–16 说明，顶上事件发生概率近似等于所有最小割集发生概率的代数和。

以图 5–14 中的事故树为例，其最小割集表示的等效图如图 5–17 所示，基本事件 X_1、X_2、X_3 的发生概率分别为 $q_1=q_2=q_3=0.1$，用首项近似法计算顶上事件发生概率 Q 为：

$$Q=q_{K_1}+q_{K_2}=q_1q_2+q_1q_3=0.1\times0.1+0.1\times0.1=0.02$$

该事故树如果根据式 5–12 计算准确值，应为：

$$Q=q_1q_2+q_1q_3-q_1q_2q_3=0.1\times0.1+0.1\times0.1-0.001=0.019$$

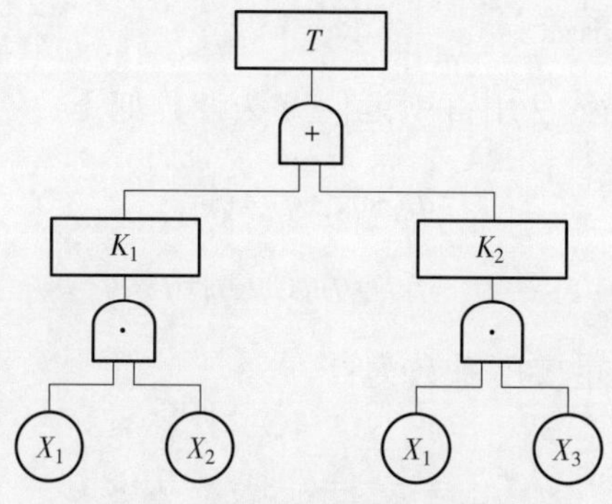

图 5–17　用最小割集表示的等效图

可见，近似值与准确值相比，误差为 0.001。

（2）平均近似法。该方法是针对在首项近似法误差较大的情况下，为得到更为准确的近似值提出的计算方法，该方法认为顶上事件发生概率值为式 5–15 的第一项减去二分之一的第二项，即：

$$Q = F_1 - \frac{1}{2}F_2 \tag{5–17}$$

仍以图 5–14 事故树为例，按照图 5–17，根据式 5–16，可得：

$$Q' = (q_1q_2+q_1q_3) - \frac{1}{2}q_1q_2q_3 = 0.1\times0.1+0.1\times0.1-\frac{1}{2}\times0.1\times0.1\times0.1 = 0.019\,5$$

可见，该近似值与准确值相比，误差为 0.000 5，比首项近似法计算结果的误差小。

三、概率重要度分析

概率重要度分析是为了分析基本事件发生概率的变化给顶上事件发生概率带来的影响。利用顶上事件发生概率 Q 函数是一个多重线性函数这一性质，只要对自变量 q_i 求一次偏导数，就可得出该基本事件的概率重要度系数：

$$I_{q(i)} = \frac{\partial Q}{\partial q_i} \tag{5–18}$$

当利用式 5–18 求出各基本事件的概率重要度系数后，就可以了解在诸多基本事件中，减少哪个基本事件的发生概率可以有效地降低顶上事件的发生概率。

【例 5–10】 设事故树最小割集为：$\{X_1, X_3\}$；$\{X_1, X_5\}$；$\{X_3, X_4\}$；$\{X_2, X_4, X_5\}$。各基本事件发生概率分别为：q_1=0.01；q_2=0.02；q_3=0.03；q_4=0.04；q_5=0.05。求各基本事件的概率重要度系数。

解：顶上事件发生概率 Q 用首项近似方法计算如下：

$$Q=q_{K_1}+q_{K_2}+q_{K_3}+q_{K_4}$$
$$=q_1q_3+q_1q_5+q_3q_4+q_2q_4q_5$$

各个基本事件的概率重要度系数为：

$$I_{q(1)} = \frac{\partial Q}{\partial q_1} = q_3 + q_5 = 0.08$$

$$I_{q(2)}=\frac{\partial Q}{\partial q_2}=q_4q_5=0.002$$

$$I_{q(3)}=\frac{\partial Q}{\partial q_3}=q_1+q_4=0.05$$

$$I_{q(4)}=\frac{\partial Q}{\partial q_4}=q_3+q_2q_5=0.031$$

$$I_{q(5)}=\frac{\partial Q}{\partial q_5}=q_1+q_2q_4=0.0108$$

按概率重要度系数大小，排出各基本事件的概率重要度顺序为：

$$I_{q(1)}>I_{q(3)}>I_{q(4)}>I_{q(5)}>I_{q(2)}$$

因此，减小基本事件 X_1 的发生概率能使顶上事件的发生概率迅速降下来，这比按同样数值减小其他基本事件的发生概率都有效。其次是基本事件 X_3、X_4、X_5，最不敏感的是基本事件 X_2。

从概率重要度系数的算法可以看出这样的事实：一个基本事件的概率重要度如何，并不取决于它本身的概率值大小，而取决于它所在最小割集中其他基本事件的概率积的大小，以及它在各个最小割集中重复出现的次数。

在求结构重要度时，基本事件的状态设为“0”和“1”两种状态，因此，当假定所有基本事件发生概率均为 1/2，即发生概率 q_i 为 50% 时，概率重要度系数就等于结构重要度系数，即：$I_{\Phi(i)}=I_{q(i)}$。

利用这一性质，可以用定量化的手段准确求出基本事件的结构重要度系数。

四、临界重要度分析

一般情况下，降低概率大的基本事件发生概率要比降低概率小的容易，而概率重要度系数却并未反映这一事实，因此它不能全面反映基本事件在事故树中的重要程度。临界重要度系数 I_{C_i} 是基本事件发生概率的相对变化率与顶上事件发生概率的相对变化率之比来表示基本事件的重要度，即从敏感度和基本事件发生概率双重角度衡量各基本事件的重要度。

临界重要度系数的定义式为：

$$I_{C_i}=\frac{\partial Q/\partial q_i}{Q/q_i} \tag{5-19}$$

它与概率重要度系数的关系是：

$$I_{C_i}=\frac{q_i}{Q}I_{q(i)} \tag{5-20}$$

【例 5-11】 某事故树如图 5-18 所示，X_1、X_2、X_3、X_4、X_5 均为基本事件，其发生概率分别为 0.02、0.02、0.03、0.03、0.025。求各基本事件的概率重要度系数、临界重要度系数。

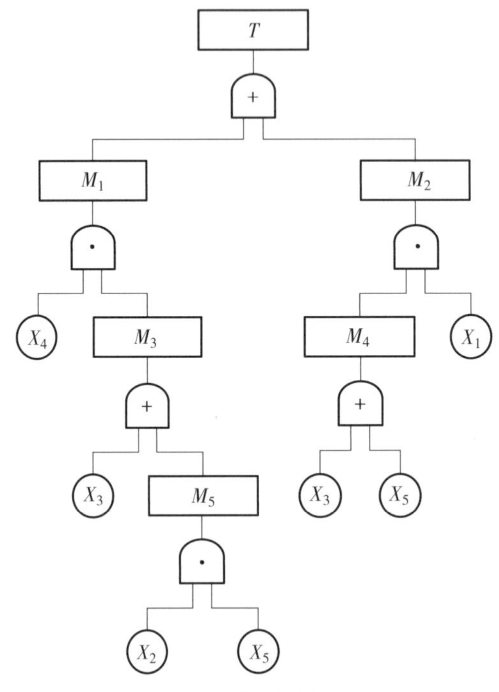

图 5-18 事故树（例 5-11）

解： 应用式 5-18、式 5-19 求得各基本事件的结构重要度系数、概率重要度系数和临界重要度系数见表 5-2。

表 5-2 各基本事件的结构重要度系数、概率重要度系数和临界重要度系数

基本事件	发生概率	结构重要度系数	概率重要度系数	临界重要度系数
X_1	0.02	7/16	0.053 3	0.538
X_2	0.02	1/16	0.000 7	0.007
X_3	0.03	7/16	0.048 9	0.755
X_4	0.03	5/16	0.029 8	0.452
X_5	0.025	5/16	0.019 9	0.251

从表 5-2 中可以看出，X_1 和 X_3 的结构重要度系数最大，说明单从事故树结构上来看，这两个基本事件对顶上事件来说最重要；同时，这两个基本事件的概率

重要度也是最大的，其中 X_1 比 X_3 更大，说明增减 X_1 的数值大小比增减 X_3 会更有效地引起顶上事件发生概率的变化；而基本事件 X_3 的临界重要度在所有基本事件中是最大的，比 X_1 更大，是因为 X_3 发生概率值（0.03）比 X_1 发生概率值（0.02）大。

总结来说，三种重要度系数中，结构重要度系数从事故树结构上反映基本事件的重要程度，概率重要度系数反映基本事件概率的增减对顶上事件发生概率影响的敏感度，临界重要度系数从敏感度和自身发生概率大小双重角度反映基本事件的重要程度（更为全面）。一般可以按重要度系数大小安排采取风险控制措施的先后顺序，也可按三种重要度顺序分别编制相应的安全检查表，以保证既有重点又能全面检查的目的。

第五节 事故树的绘制

一、事故树的绘制方法

1. 故障事件的分类

（1）部件故障事件。故障事件是指系统或系统中的部件发生状态改变的过程。也就是说，故障事件不发生指的是系统、部件处于正常状态，故障事件发生指的是系统、部件处于故障状态。

在事故树的因果关系分析中，部件失效一般是一些原因导致的中间事件，其原因可分为一次失效、二次失效及受控故障。

一次失效是指由于故障事件本身的直接原因而使其处于不能正常工作的状态，可以归结为“内因”，必须对部件进行修理才能使它恢复到能工作的状态。一次失效是由设计条件范围内的输入所引起的，部件的自然老化是造成这种失效的主要原因，例如传动轴由于金属疲劳而断裂、灯泡钨丝烧断等。

二次失效与一次失效现象相似，但部件本身不会造成失效，过去或现在加到部件上的应力是造成二次失效的原因，可以归结为“外因”。这种应力可能来自超出极限条件的振动、频率、持续时间或极性，也可能来自机械力、热、电、化学反应、磁和放射性等能源的能量输入。应力也可能由相邻部件或环境造成，包括气象或地质条件及其他工程系统。另外，操作人员、检验人员等在工作中损坏了部件，也可能造成二次失效。例如，“熔丝由于电流过大而烧断”“设备由于地震而遭到破坏”等。值得注意的是，应力的消除并不能保证部件恢复工作状态，因为应力在部件中留下了永久性的损害，必须加以修理。如果已经找到了一次失效和二次失效的确切模式，则一次失效和二次失效事件就同基本失效事件一样，在故障树中应填入圆形符号中。

受控故障（或称指令故障）是部件由于系统内不正确的控制信号或噪声而处于不能工作的状态，常常不必进行修理就可恢复到正常状态。这是因为无意识的控制信号或噪声常常不留下记忆（损害），而后续的正常输入信号能使部件正常工作。受控故障的例子如“灯泡中没有电流通过故灯泡不亮”“安全检测器受到噪声输入而偶然发生假信号”“操作人员未能按下紧急按钮”等。受控故障事件在绘制事故树过程中是需要进一步分解的。

一般说来，部件故障事件总可以按照如图 5-19 所示的规则进行分解。如图 5-20 所示为部件失效的特性图。

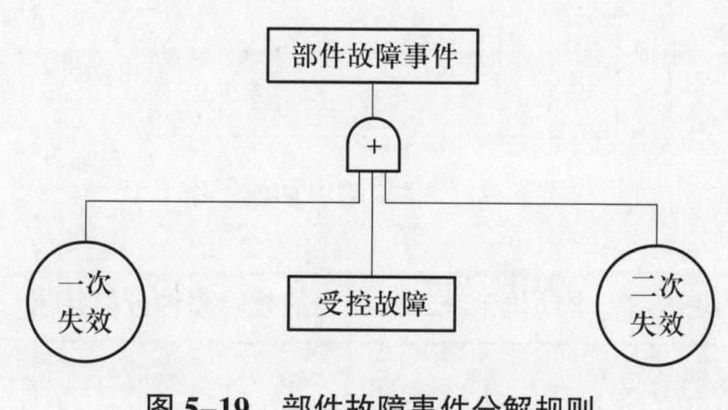

图 5-19 部件故障事件分解规则

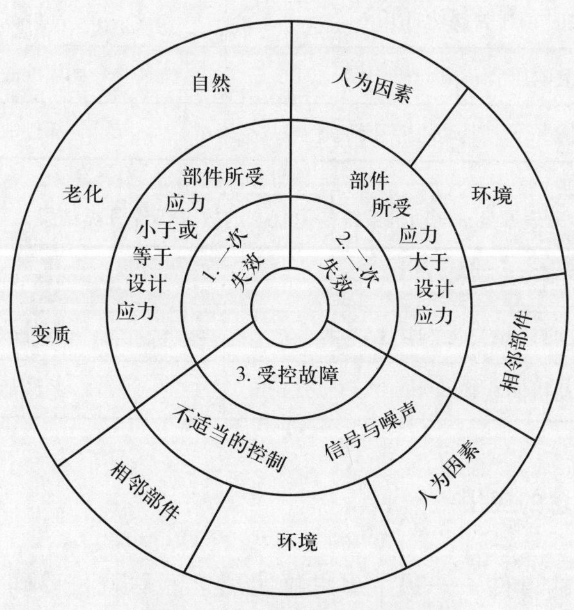

图 5-20 部件失效的特性图

（2）系统故障事件。如果事故树矩形符号内的事件可以用图 5-20 的形式进行分解，那么它就是部件故障事件。反之，则称为系统故障事件。系统故障事件是指其发生无法从单个部件的故障引起的，而可能是一个以上的部件或子系统的某种故障状态。这样划分的目的，是为了绘制事故树时可做到思维清楚、条理性强、层次分明。为了进一步说明部件故障事件和系统故障事件，下面举一个简单的电动机系统的例子，如图 5–21 所示，系统有两种状态，即工作状态和备用状态，这两种状态下的故障事件分类结果分别见表 5–3 和表 5–4。

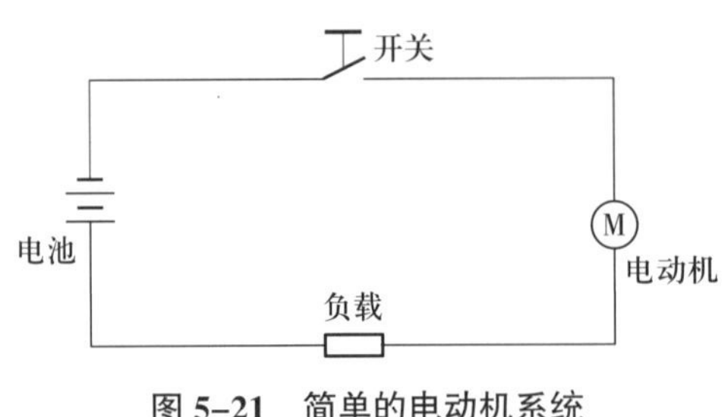

图 5–21　简单的电动机系统

表 5–3　电动机系统工作状态的故障事件分类结果

系统故障	分类
按下开关时，开关不能闭合	部件故障事件
按下开关时，开关偶然打开	部件故障事件
给电动机加上电压后，电动机不转	部件故障事件
在加有电压的情况下，电动机停止转动	部件故障事件

表 5–4　电动机系统备用状态的故障事件分类结果

系统故障	分类
没按开关时，开关偶然闭合	部件故障事件
电动机偶然开动	系统故障事件

2. 直接原因概念的应用

在不希望发生的事件——顶上事件确定后，然后就是要确定这个顶上事件发生的直接的、必要的和充分的原因。以一个例子来说明直接原因概念的应用。如图 5–22 所示是一个简单系统，当给 A 一个输入信号，它产生输出，对 B、C 提供输入，最后将信号传给 E。现选定“没有信号传给 E”作为顶上事件，并设定在分析中忽略从一个子系统向另一个子系统传输信号的传输器件，这相当于认为电线（管道）和指令线路的失效概率为零。现对顶上事件进行逐级分析。事件“没有信号传给 *E*”的直接原因为“*D* 没有输出”，千万要注意防止错误地认为“没有输入 *D*”是“没有信号传给 *E*”的直接原因。

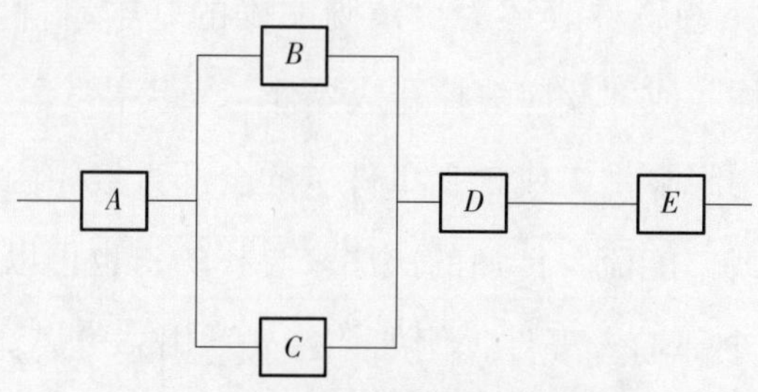

图 5-22　说明直接原因概念的系统

中间事件“*D* 没有输出”的直接原因有两种可能事件：①“*D* 有输入无输出”；②“*D* 没有输入”。所以“*D* 没有输出”就是事件①和事件②的并。从这里可看出，如果不是一次进行一步，而是错误地认为中间事件是“*D* 没有输入”，那么就会把事件①丢了。

现在再进行下一步分析，找出事件①和事件②的直接原因。如果分析的极限是子系统级，则事件①（还可写成“*D* 由于本身故障而没有发挥其正常功能”）就是基本事件，不用进一步分析了。至于事件②，其直接原因是“*B* 和 *C* 均没有输出”，它可表示为两个事件的交，即：

$$A_2=A_3 \cap A_4 \tag{5-21}$$

式 5-21 中，A_3 为“*B* 没有输出”；A_4 为“C 没有输出”；A_2 为事件②。继续对事件 A_3 和 A_4 进行分析，对于 A_3，有：

$$A_3=A_5 \cup A_6 \tag{5-22}$$

式 5-22 中，A_5 为“*B* 有输入无输出”；A_6 为“*B* 无输入”。

可以看出 A_5 是 *B* 失效（基本事件），A_6 是一个可以进一步分析的故障。对 A_4 的处理与 A_3 类似。

二、事故树绘制的启发性指导原则

在绘制事故树时，有一些启发性的指导原则，根据以往的经验可归纳成以下四项：

（1）事件符号内必须填写具体事件，每个事件的含义必须明确、清楚，不能把管理上的状况和人的状态写入其中，不得写入笼统、含糊不清或抽象的事件。例如，不能用“电动机工作时间过长”代替“给电动机通电时间过长”。

（2）尽可能地将一些事件表述为更清晰明确的基本事件。例如，“储罐爆炸”用“加注过量造成爆炸”或“反应失控造成爆炸”来代替。

（3）找出每一级中间事件（或顶上事件）的全部直接原因。直接原因的概念是根据系统的“信号”或“能流”传递的次序来寻找的；也可以根据某种事故发生的机理来找出逻辑门的全部输入事件，例如“着火”用“可燃流体漏出”和“明火”来代替。

（4）将触发事件同“无保护动作”配合起来。例如，“过热”用“冷却失灵”加上“系统未关机”来代替。如图 5-23 所示是一些典型的用触发事件和“无保护动作”事件与门连接的事故树。

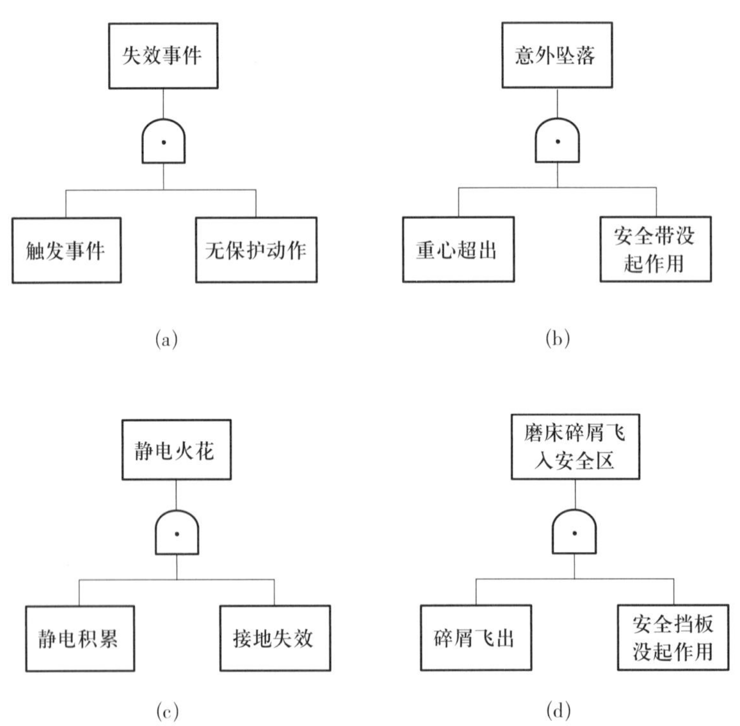

图 5-23　典型的用触发事件和“无保护动作”事件与门连接的事故树

三、绘制事故树的注意事项

事故树应能反映出系统故障的内在联系和逻辑关系，同时应能使人一目了然，形象地掌握这种联系与关系，并据此进行正确的分析。为此，绘制事故树时应注意以下 6 个方面的事项。

1. 熟悉分析系统

绘制事故树应由全面熟悉系统开始。必须从系统功能的联系入手，充分了解与人员有关的功能，掌握使用阶段的划分等与任务有关的功能，包括现有的冗余功能以及安全保护功能等。此外，使用、维修状况也要考虑周全。这就要求事故树绘制者要广泛地收集与系统有关的设计、运行和流程图，以及设备技术规范等技术文件、资料，并进行深入细致的分析研究。

2. 选好顶上事件

绘制事故树首先要选好一个顶上事件。一般可考虑的事件有：对安全构成威胁的事件——造成人身伤亡或导致财产的重大损失（火灾、爆炸、中毒、严重污染等）；妨碍完成任务的事件——造成系统停工或丧失大部分功能；严重影响经济效益的事件——造成通信线路中断、交通停顿等妨碍提高直接收益的因素。

3. 合理确定系统的边界条件

有了边界条件就明确了事故树建到何处为止。一般边界条件包括以下三项。

（1）确定顶上事件。

（2）确定初始条件。初始条件是与顶上事件相适应的，凡具有不止一种工作状态的系统、部件都有初始条件问题。例如，储罐内液体的初始量就有两种初始条件：一种是“储罐装满”；另一种是“储罐是空的”。这两种初始条件必须加以明确规定。时域也必须加以规定。例如，在启动或关机条件下可能发生与稳态工作阶段不同的故障。

（3）确定不许可的事件。这指的是绘制事故树时规定不允许发生的事件。例如，“由系统之外的影响引起的故障”。

4. 调查事件是系统故障事件还是部件故障事件

要对矩形符号的中间事件进行检查，并要问：“这个故障能否由部件失效组成？”如果回答“能”，则这个事件归为部件故障事件，那么就在这个事件下面加一个或门，并寻找一次失效、二次失效和受控故障。如果回答“否”，则这个事件归为系统故障事件，这时就要寻找最简捷的、充分必要的直接原因。若是系统故障事件，在这个事件下面可用或门、与门或条件门，至于用哪种门，必须由必要而充分的直接原因事件来定。

5. 准确判明各事件间的因果关系和逻辑关系

对于系统中各事件间的因果关系和逻辑关系必须分析清楚，不能有逻辑上的紊乱及因果矛盾。每一个事件包含的原因事件都是该事件的输入，即原因—输入、结果—输出。逻辑关系应根据输入事件的具体情况来定，若输入事件必须全部发生时顶上事件才发生，则用与门；若输入事件中任何一个发生时顶上事件即发生，则用或门。

6. 避免门连门

门的所有输入事件都应当是正确定义的原因事件，任何门不能与其他门直接相连。

四、实例应用

由顶上事件出发，循序渐进地寻找每一层事件发生的所有可能的直接原因，直到基本事件为止。寻找直接原因事件可从三个方面考虑，即机械（电气）设备故障或损坏、人的（操作、管理、指挥）差错以及环境不良等因素。下面用实例来说明事故树的绘制方法与过程。

【例 5-12】 如图 5-24 所示的短时工作的泵系统中，储罐在 10 min 内注满而在 50 min 内排空，即一次循环时间是 60 min。合上开关以后，将定时器调整到使触点在 10 min 内断开的位置。假如机构失效，报警器发出响声，操作人员应断开开关，防止加注过量造成储罐破裂。

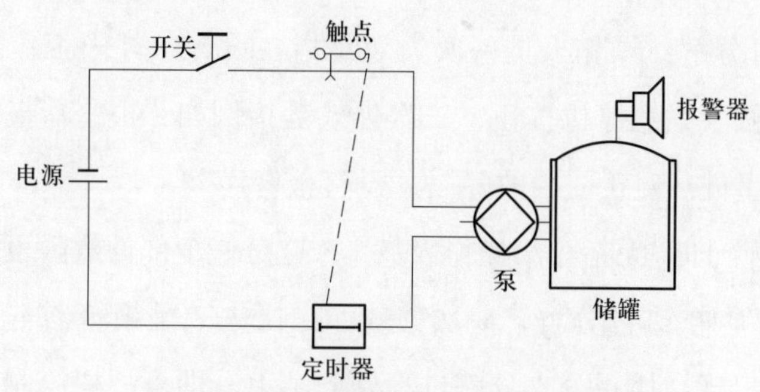

图 5–24 短时工作的泵系统

（1）确定顶上事件。根据事故树绘制的启发性指导原则（1），确定以“压力储罐破裂”为事故树的顶上事件，并设定初始条件为“储罐是空的”。

（2）调查顶上事件发生的直接原因事件、事件性质和逻辑关系。根据绘制事故树的注意事项（4），顶上事件失效由部件失效组成，故在顶上事件下面用或门，其一次失效、二次失效事件为储罐自然老化和应力造成，而受控故障则是“储罐受到过压”。储罐受到过压含义不清，根据事故树绘制的启发性指导原则（1），可将其改写成“电机工作时间过长”，更具体应写为“电机通电时间过长”。

（3）调查“电机通电时间过长”的直接原因事件、事件性质和逻辑关系。根据事故树绘制的启发性指导原则（3），将“电机通电时间过长”用“触点闭合时间过长”和“开关闭合时间过长”联系起来。这两个事件都同时发生，“电机通电时间过长”才发生，故它们用与门连接。

（4）调查“触点闭合时间过长”和“开关闭合时间过长”事件的直接原因事件。根据绘制事故树的注意事项（4），二者都由部件失效组成，故在其下面均用或门连接，一次失效、二次失效事件为触点和开关本身，受控故障则分别为“无断开触点的指令”和“无断开开关的指令”，后者具体改写成“操作人员不断开开关”。

（5）调查“无断开触点的指令”的直接原因事件。触点断开动作是由定时器控制的，定时器失效当然触点断不开。换言之，它是部件故障事件。故其下接或门，一次失效、二次失效是定时器本身。至于受控故障在这里不再有可能出现，亦即对这一分支的分解过程就此结束。

（6）调查“无断开开关的指令”的直接原因事件。开关是由操作人员操作的，在这个例子中的操作人员可认为是系统中的一个部件。因此，根据绘制事故树的注意事项（4）进行分解，操作人员一次失效是指在设计条件内工作的操作人员未能在报警器报警时按下紧急停机按钮，二次失效是指例如“报警器报警时操作人员已被火烧死”这种事件。对于受控故障是“没有报警声”。

“没有报警声”即“无指令给操作人员”，这是一个部件故障事件，根据绘制事故树的注意事项（4）进行分解，一次失效、二次失效是报警器本身，受控故障在这里不再有可能出现，这一分支分解过程到此结束，即事故树绘制完毕，最终绘制的短时工作的泵系统中压力储罐破裂的事故树如图 5–25 所示。

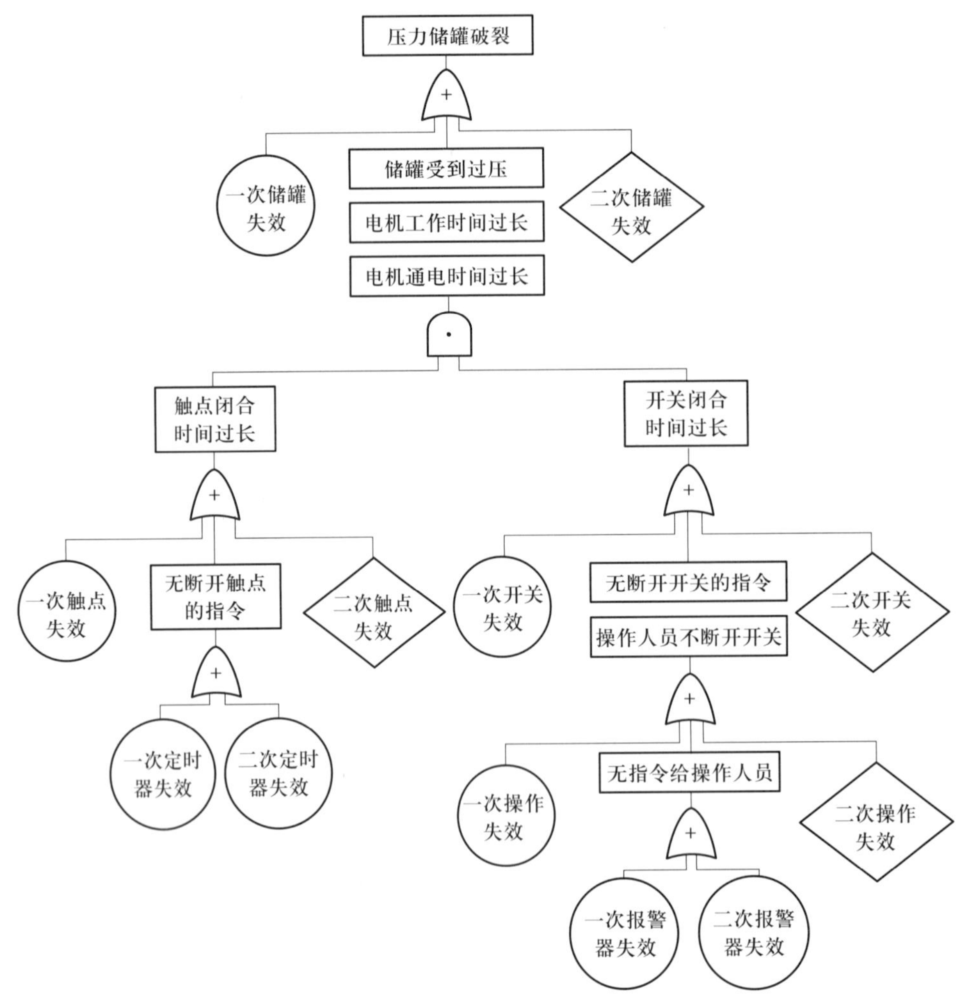

图 5–25　短时工作的泵系统中压力储罐破裂的事故树

【例 5–13】　对油库静电爆炸进行事故树绘制。汽油和柴油作为燃料在生产过程中被大量使用，许多工厂都有小型油库，如何保证油库安全是一个很重要的问题。由于汽油和柴油的闪点低，爆炸极限又处于低值范围，所以油料一旦泄漏遇到火源，或挥发后与空气混合到一定比例遇到火源，就会发生燃烧、爆炸事故。火源种类较多，有明火、撞击火花、雷击火花和静电火花等。本例就静电火花造成油库爆炸的事故树绘制过程进行介绍，最终绘制的事故树如图 5–26 所示。

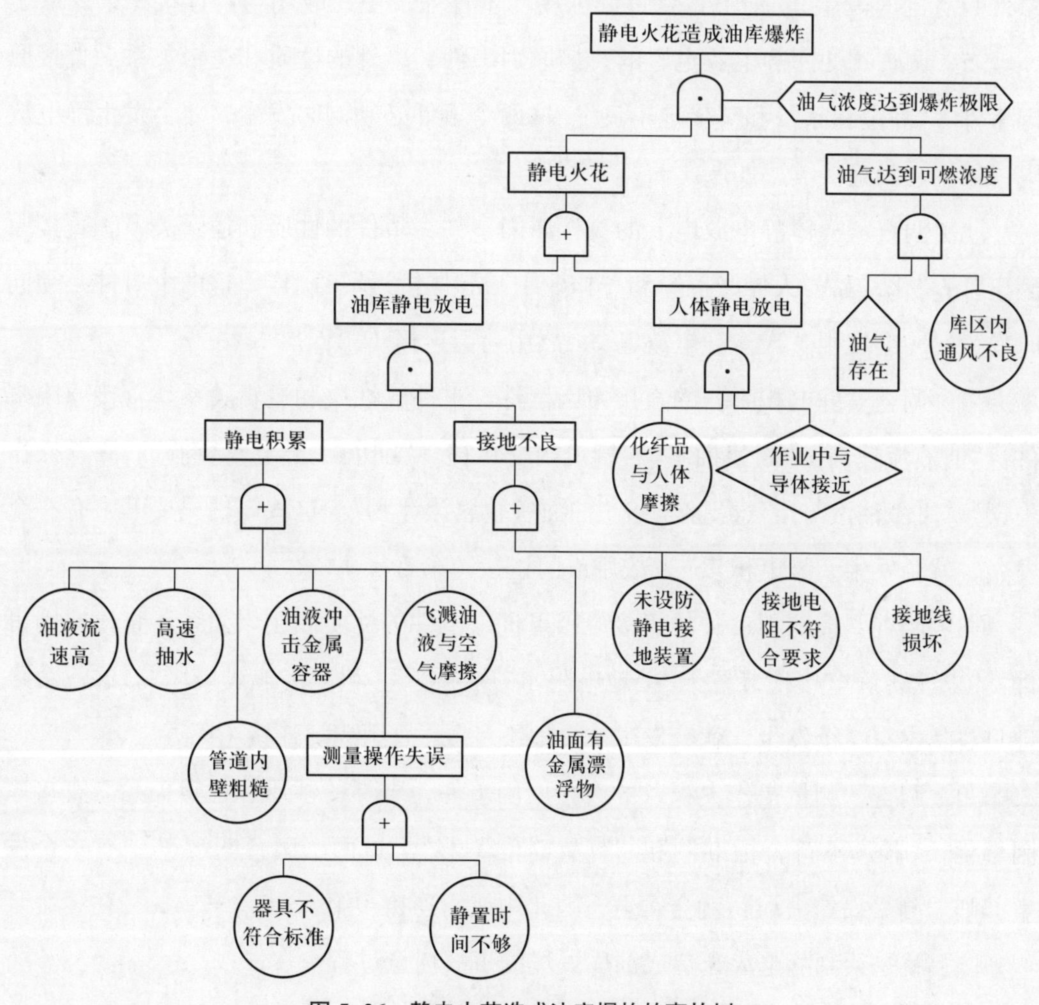

图 5–26　静电火花造成油库爆炸的事故树

（1）确定顶上事件——“静电火花造成油库爆炸”（第一层）。

（2）调查爆炸的直接原因事件、事件的性质和逻辑关系。直接原因事件：“静电火花”和“油气达到可燃浓度”。这两个事件不仅要同时发生，而且必须在“油气浓度达到爆炸极限”时，爆炸事件才会发生。故用条件与门连接（第二层）。

（3）调查“静电火花”的直接原因事件、事件的性质和逻辑关系。直接原因事件：“油库静电放电”和“人体静电放电”。这两个事件只要其中有一个发生，则“静电火花”事件就会发生，故用或门连接（第三层）。

（4）调查“油气达到可燃浓度”的直接原因事件、事件的性质和逻辑关系。直接原因事件：“油气存在”和“库区内通风不良”。“油气存在”是一个正常状态下的正常功能事件，因此该事件用房形符号。“库区内通风不良”为基本事件。这两个事件只有同时发生，“油气达到可燃浓度”事件才发生，故用与门连接（第三层）。

（5）调查“油库静电放电”的直接原因事件、事件的性质和逻辑关系。直接原因事件：“静电积累”和“接地不良”。这两个事件必须同时发生，才会发生静电放电，故用与门连接（第四层）。

（6）调查“人体静电放电”的直接原因事件、事件的性质和逻辑关系。直接原因事件：“化纤品与人体摩擦”和“作业中与导体接近”。同样，这两个事件必须同时发生，才会发生“人体静电放电”，故用与门连接（第四层）。

（7）调查“静电积累”的直接原因事件、事件的性质和逻辑关系。直接原因事件：“油液流速高”“高速抽水”“管道内壁粗糙”“油液冲击金属容器”“测量操作失误”“飞溅油液与空气摩擦”和“油面有金属漂浮物”。这些事件只要其中有一个发生，就会发生“静电积累”，故用或门连接（第五层）。

（8）调查“接地不良”的直接原因事件、事件的性质和逻辑关系。直接原因事件：“未设防静电接地装置”“接地电阻不符合要求”和“接地线损坏”。这三个事件只要其中有一个发生，就会发生“接地不良”，故用或门连接（第五层）。

（9）调查“测量操作失误”的直接原因事件、事件的性质和逻辑关系。直接原因事件：“器具不符合标准”和“静置时间不够”。这两个事件只要其中有一个发生，则“测量操作失误”就会发生，因此用或门连接（第六层）。

以上就是绘制静电火花造成油库爆炸的事故树全过程。

五、常用的事故树绘制与分析软件

事故树绘制与分析被广泛应用于系统安全评价中，而在实际应用中，系统往往由众多复杂要素构成，手工绘制事故树工作量较大，且对复杂事故树最小割集、最小径集、顶上事件概率的计算是一个庞大的工程。基于此，很多学者或机构开发了事故树绘制与分析软件，给安全工程技术和管理人员提供操作简单、功能丰富、快速实现的事故树绘制与分析工具。

常用的事故树绘制与分析软件有 FreeFta、EasyDraw、CARA-FalutTree、CAFTA 等。通过应用这些软件，可以很方便地选择各种事件符号和逻辑门符号，快速绘制事故树，并通过相应的最小割集、最小径集、顶上事件概率计算等软件功能，实现快速求解。

各种事故树绘制与分析软件为事故树的编制及相应计算提供了简单快捷的工具，但事故树的编制是建立在对系统进行全面分析基础上的，因此，这些软件仅提供了一个绘制和分析的工具，事故树分析的核心内容依然需要分析人员运用其原理和方法对研究对象进行系统的分析。

本章小结

FTA 是确定导致某项不希望发生事件的根本原因及其发生概率的安全分析技术，为了了解和阻止大型复杂系统的潜在问题，通常采用该方法进行分析。FTA 适用于系统寿命周期从设计早期至使用维护各个阶段，其适用领域非常广泛，如航天、采矿、化工、医疗等行业。

有些行业应用 FTA 是为了求得一个量化的结果，目前有多种软件可以计算顶上事件发生概率及重要度。FTA 方法不仅可以提供定性的风险评估结果，也可以提供定量的风险评估结果。

FTA 的优点有：可以对复杂系统中组合的故障或缺陷的发生概率进行分析，这是其他分析方法所不具备的；最小割集可以确定导致事故发生的最基本原因，最小径集可以确定避免事故发生的最根本措施和手段，因而可以指导决策者进行风险决策。

FTA 的局限性有：事故树的定量分析需要大量的时间和丰富的信息资源，但在很多行业中，复杂系统各基本事件发生概率难以获取，因而定量分析很难真正实现；当基本事件发生概率不够准确时，顶上事件发生概率结果则没有真正的意义。

1. 什么是事故树的割集、径集、最小割集和最小径集？

2. 什么是事故树的结构重要度、概率重要度、临界重要度？结构重要度、概率重要度、临界重要度在事故树分析中有什么作用？

3. 建筑工地中经常发生各类事故，而工人在脚手架上作业发生高处坠落事故是较为频繁发生、后果严重的事故。请画出“施工人员从脚手架上坠落死亡”的事故树。

4. 已知某事故 T 的事故树如图 5–27 所示。

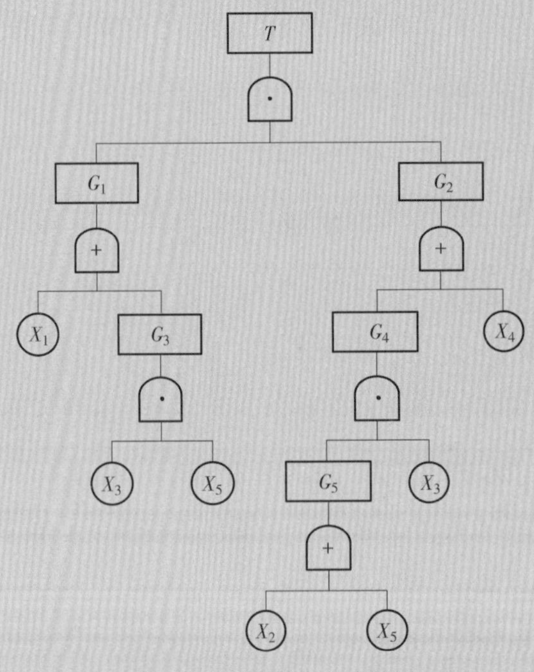

图 5–27　某事故 T 的事故树

（1）请计算此事故树的最小割集、最小径集，并说明这些集合在事故分析中的作用。

（2）画出该事故树的等效事故树。

（3）若用 q_i 表示各基本事件 X_i 发生的概率：q_1=0.01；q_2=0.02；q_3=0.03；q_4=0.04；q_5=0.05。请计算顶上事件发生的概率。

（4）分析各基本事件的结构重要度、概率重要度和临界重要度。

5. 锅炉超压事故树分析如图5–28所示，各基本事件发生概率取值见表5–5。请计算：此事故树的最小割集、最小径集，并说明这些集合在事故分析中的作用；分析各基本事件的结构重要度、概率重要度和临界重要度。

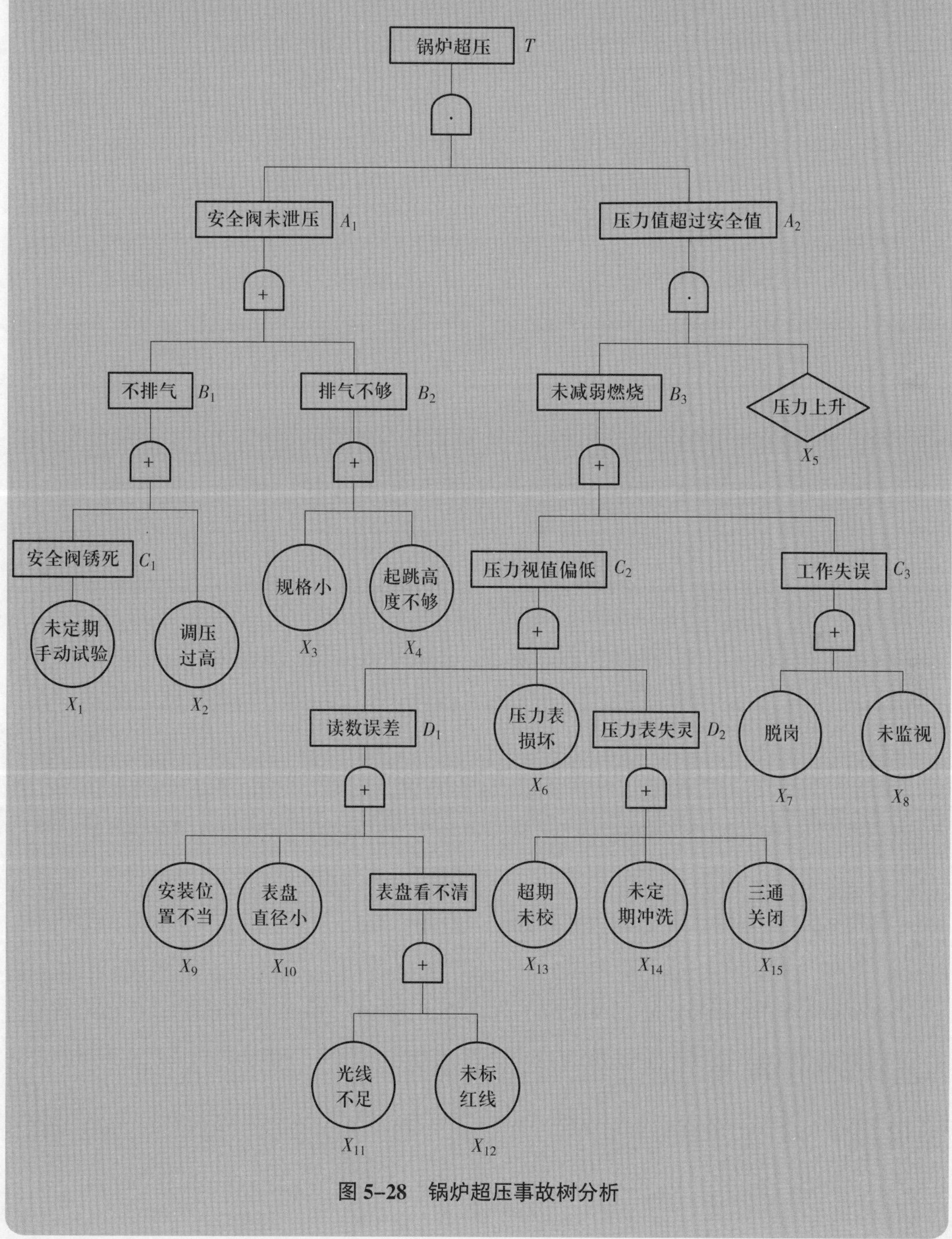

图5–28 锅炉超压事故树分析

表 5-5　各基本事件发生概率取值

代号	基本事件名称	q_i
X_1	未定期手动试验	10^{-2}
X_2	调压过高	10^{-4}
X_3	规格小	10^{-3}
X_4	起跳高度不够	10^{-3}
X_5	压力上升	5×10^{-2}
X_6	压力表损坏	10^{-5}
X_7	脱岗	5×10^{-2}
X_8	未监视	10^{-2}
X_9	安装位置不当	10^{-3}
X_{10}	表盘直径小	10^{-4}
X_{11}	光线不足	10^{-3}
X_{12}	未标红线	5×10^{-2}
X_{13}	超期未校	10^{-6}
X_{14}	未定期冲洗	10^{-3}
X_{15}	三通关闭	10^{-4}

第六章 事件树分析

事件树分析（event tree analysis，简称 ETA）是一种用于评估复杂系统中潜在事件序列及其后果的图形化推理方法。与 FTA 从特定事故出发逆向寻找原因不同，ETA 从一个初始事件（或称为初始状态）开始，按事件的发展顺序正向地、逐步地展开所有可能的后续事件及其最终状态，形成一棵以初始事件为根，各可能事件序列为分枝的“树”。

ETA 不仅能够帮助我们识别和理解系统中潜在的故障模式、成功路径以及它们的概率影响，还能够评估不同预防措施和缓解措施的有效性。ETA 通过直观展示事件发展路径的多样性，使得决策者能够清晰地看到不同决策点上的选择如何影响最终的系统状态和结果。ETA 特别适用于分析那些具有多个决策点和不确定性的复杂系统，如核能、航空航天、化工过程控制等领域。

第一节 概　述

一、基本概念

ETA 可以逐一从所有可能的起始事件出发，按时间顺序分析出复杂系统中可能出现的各种事故模式及其后果，并能根据起始事件及环节事件的概率计算各种结果的概率。ETA 常用基本概念如下。

（1）事故场景（accident scenario）：最终导致事故的一系列事件。这些事件的后果是从一个初始事件开始，随后按照时空序列开展的中枢事件，最终导致不期望的状态出现。

（2）初始事件（initiating event）：触发事故序列开始的故障或不期望事件。初始事件是否导致事故，依赖于系统中安全控制措施是否成功运行。

（3）环节事件（pivotal event）：介于初始事件和最终事故之间的中间事件。环节事件是系统中安全措施的成功或者失败事件。

（4）事件树（event tree）：将某一初始事件可能导致的事故场景和产生的多个后果加以图形化的模型。

（5）ETA：通过建立事件树，利用逻辑思维的规律和形式，分析事故的起因、发展和结果的过程。

二、ETA 的基本原理

ETA 是一种从原因到结果的过程分析，基本原理是：任何事物从初始原因到最终结果所经历的每一个中间环节都有成功（或正常）或失败（或失效）两种可能或分支。如果将成功记为 1，并作为上分支，将失败记为 0，作为下分支；然后再分别从这两个状态开始，仍按成功（记为 1）或失败（记为 0）两种可能进行分析；这样一直分析下去，直到最后结果为止，最终即形成一个水平放置的树状图。

从事故的发生过程看，任何事故的瞬间发生都是由于在事物的一系列发展变化环节中接二连三“失败”所致。因此，利用事件树原理对事故的发展过程进行分析，不但可以掌握事故过程规律，还可以辨识导致事故的危险源。

ETA 是利用逻辑思维的规律和形式，分析事故的起因、发展和结果的整个过程。利用事件树来分析事故的发生过程，是以“人、机、物、环”综合系统为对象，分析各环节事件成功与失败两种情况，从而预测系统可能出现的各种结果。

第二节 事件树建造

事件树建造过程通常包括 6 个步骤，即定义系统或活动、确定初始事件、找出与初始事件有关的环节事件、定义事件序列和结果、结果分析、ETA 结果的应用。

1. 定义系统或活动

这个步骤是明确规定和清晰定义进行 ETA 的系统或活动的边界。

2. 确定初始事件

初始事件是事件树中在一定条件下造成事故后果的最初原因事件，可以是系统故障、设备失效、人员误操作或工艺过程异常等。一般情况下，分析人员选择最感兴趣的异常事件作为初始事件，事件类别包括碰撞、着火、爆炸、毒性扩散等。

3. 找出与初始事件有关的环节事件

环节事件可看作对初始事件依次做出响应的安全功能事件，即防止初始事件造成不期望后果的预防措施。

如图 6–1 所示的 ETA 场景，包含了初始事件，n 个环节事件以及导致的最终状态，即事故。

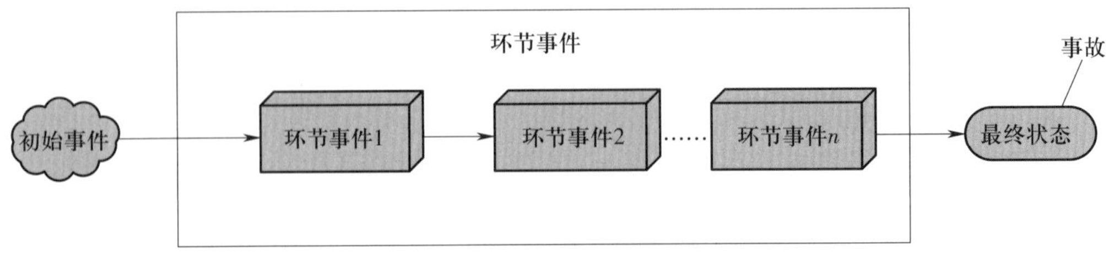

图 6–1　ETA 场景

4. 定义事件序列和结果

对于每个初始事件，定义可能发生的各种结果（如事故场景等），并基于构建的事件树进行定量分析。

5. 结果分析

这个步骤是在事件树最后面写明由初始事件引起的各种事故结果或后果。对事件树进行定量分析时，根据初始事件和各环节事件的发生概率，计算各种结果的概率。

6. ETA 结果的应用

这个步骤是将定性和定量的 ETA 结果转化为必要的措施。

图 6-2 所示为一个包括了定量计算的事件树模型示例，由此可知事件树创建的过程。

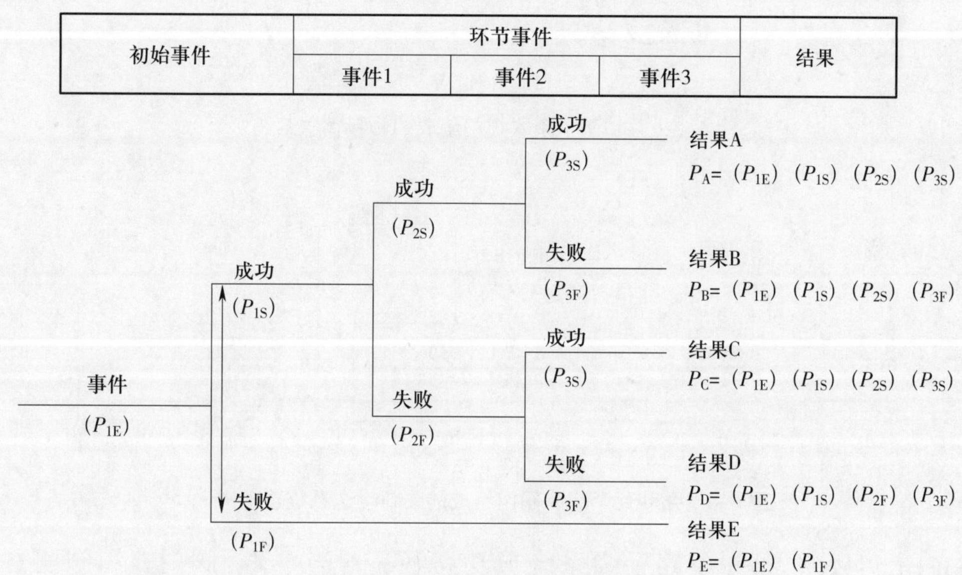

图 6-2　事件树模型示例

在大多数事件树模型中，环节事件被定义为二态性的，例如：现象发生或不发生，系统正常或故障。但二态性并不是严格必需的，有些事件树的环节事件具有两个以上的分支，关键是不同的路径之间必须是互斥的和可量化的（至少达到所需的精度）。

第三节 事件树分析实例

【例 6–1】 有一个泵和两个串联阀门组成的物料输送系统，如图 6–3 所示。泵启动后，物料沿箭头方向顺序经过泵 A、阀门 B 和阀门 C，设泵 A、阀门 B 和阀门 C 的可靠度分别为 0.95、0.9 和 0.9。绘制该物料输送系统的事件树，如图 6–4 所示。

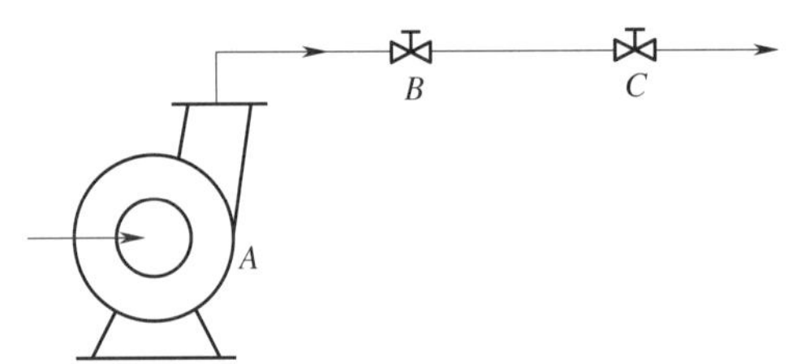

图 6–3 泵和两个串联阀门组成的物料输送系统

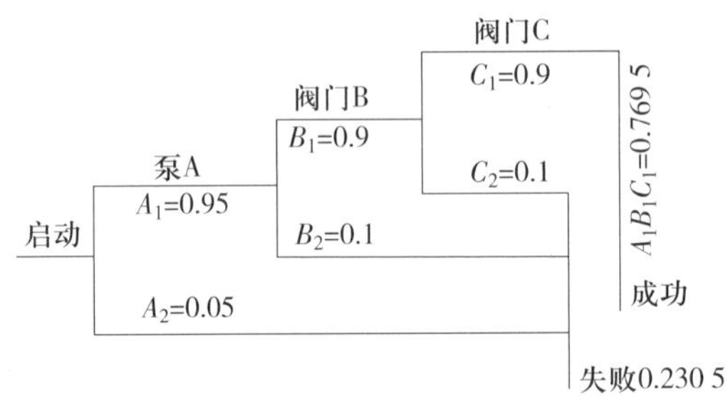

图 6–4 泵和两个串联阀门组成的物料输送系统事件树

在图 6–4 中，第一条路径为系统成功路径，即当泵 A、阀门 B 和阀门 C 均完好时，物料可以被成功地输送，此时系统成功概率为：$P_1=A_1B_1C_1=0.769\ 5$。其他情况即这 3 个部件只要有一个部件失效，系统即失败。其中，第二条路径为系统失败路径，概率为：$P_2=A_1B_1C_2=0.085\ 5$；第三条路径为系统失败路径，概率为：$P_3=A_1B_2=0.095$；第四条路径为系统失败路径，概率为：$P_4=A_2=0.05$。所以，系统成功的概率为 0.769 5，系统失效的概率为 0.230 5。

【例 6-2】 有一个泵和两个并联阀门组成的物料输送系统，如图 6-5 所示。泵启动后，物料经由泵 A、阀门 B 输送。阀门 C 是阀门 B 的备用阀，只有当阀门 B 失效时，阀门 C 才开始工作。假设泵 A、阀门 B 和阀门 C 的可靠度分别为 0.95、0.9 和 0.9。绘制该物料输送系统事件树，如图 6-6 所示。

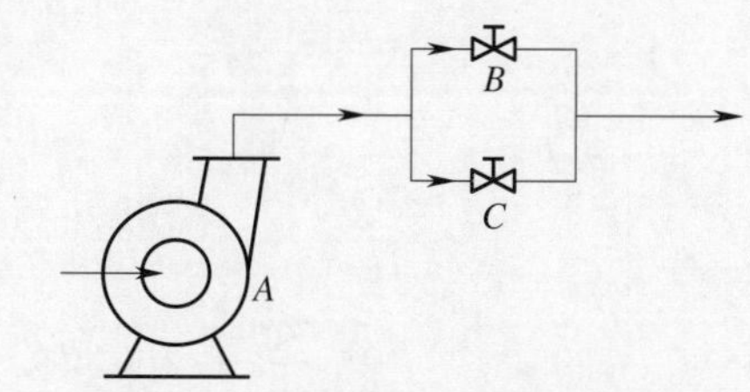

图 6-5　泵和两个并联阀门组成的物料输送系统

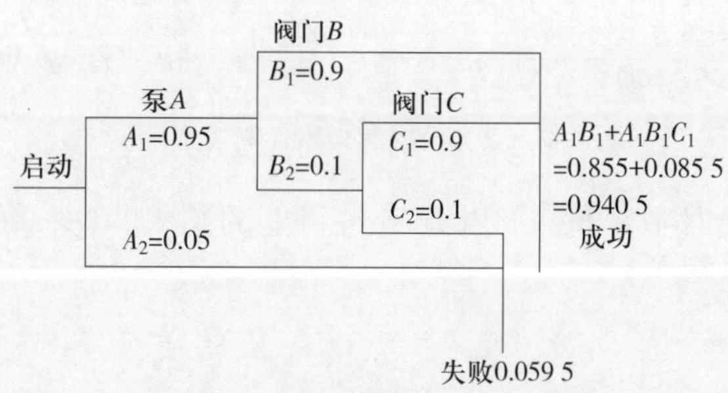

图 6-6　泵和两个并联阀门组成的物料输送系统事件树

在图 6-6 中，第一条路径为泵 A 和阀门 B 均正常工作，物料可以被输送，此时系统成功，路径概率为：$P_1=A_1B_1=0.855$；第二条路径为泵 A 正常工作，阀门 B 失效，备用阀门 C 正常工作，物料仍然可以被输送，此时系统成功，路径概率为：$P_2=A_1B_2C_1=0.085\ 5$；第三条路径为泵 A 正常工作、阀门 B 和阀门 C 均失效，物料无法被输送，系统失败，路径概率为：$P_3=A_1B_2C_2=0.009\ 5$；第四条路径为泵 A 失效，物料无法输送，系统失败，路径概率为：$P_4=A_2=0.05$。因此，系统成功的概率为前两条路径概率之和 0.940 5，系统失效的概率为 0.059 5。

【例 6-3】 某办公楼安装了火灾探测系统、火灾自动报警系统和自动灭火系统，若办公楼起火后，各环节事件的一般程序如下：

（1）火灾探测系统启动；

（2）火灾自动报警系统启动；

（3）自动灭火系统启动。

该系统各安全功能故障率如图 6-7 所示，以“起火”为初始事件编制的事件树和各环节运行成功或失败导致的各种结果如图 6-7 所示。

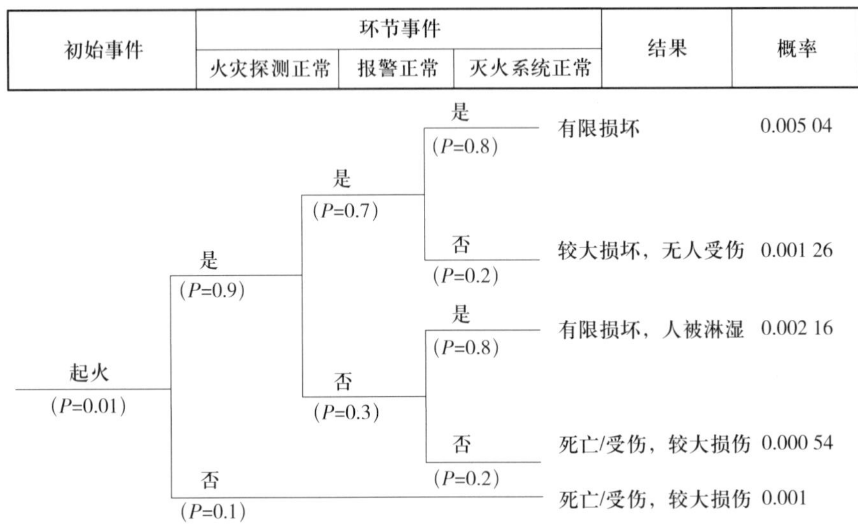

图 6-7　某办公楼起火事件树模型示例

本例中共有 3 个环节事件，产生了 5 种可能的结果，每一条路径的结果都具有不同的概率。

本章小结

ETA 方法的目的是辨识初始事件发展成为事故的各种过程及后果。该方法适用于简单系统，特别适用于设计时找出合理有效的安全装置，以及操作时发现设备故障及误操作将导致的事故。ETA 可以定性分析也可以进一步定量分析（进行概率风险评估），找出初始事件发展的各种后果，分析其严重性，以在各阶段采取措施使之朝成功方向发展。

ETA 方法的主要不足有：每个事件树只能有一个初始事件，因此若要对多个初始事件的后果进行评价，就需要增加 ETA 的难度；在建模时该方法忽略了系统内细微的相关性。

复习思考题

1. ETA 的基本程序是什么？

2. 某仓库设有火灾检测系统和喷淋系统组成的自动灭火系统。假设火灾检测系统可靠度和喷淋系统可靠度均为 0.99，试建造事件树，并应用 ETA 计算一旦发生火灾时自动灭火失败的概率。

3. 某型号反应器系统如图 6-8 所示。该反应是放热反应，为此在反应器的夹套内通入冷冻盐水以移走反应热。如果冷冻盐水流量减少，会使反应器温度升高，反应速度加快，以致反应失控。在反应器上安装温度测量控制系统，并与冷冻盐水入口阀门联结，根据温度控制冷冻盐水流量。为安全起见，该反应器系统安装了温度报警器，当温度超过规定值时自动报警，以便操作者及时采取措施。该反应器系统各安全功能故障率见表 6-1，试以冷冻盐水减少为初始事件编制事件树，并计算出现反应失控的概率。

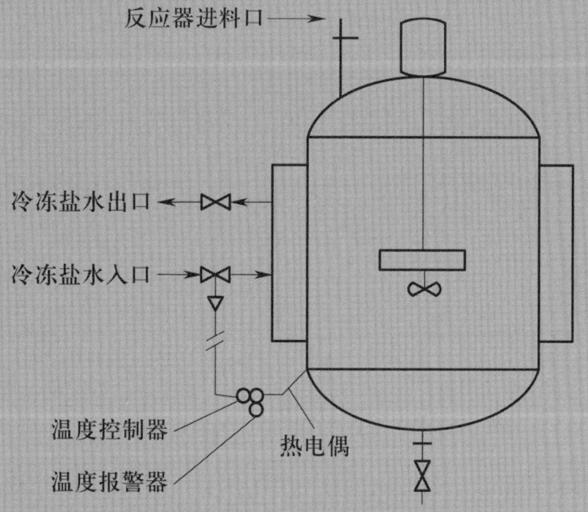

图 6-8　某型号反应器系统示意图

表 6-1　某型号反应器系统各安全功能故障率

安全功能	温度报警器报警	操作者发现超温	操作者恢复冷却剂流量	操作者紧急关闭反应器
故障率	0.01	0.25	0.25	0.1

4. 某工厂有 4 台氯磺酸储罐，其中 1 台氯磺酸储罐在检修失灵的紧急切断阀的过程中发生爆炸，致 3 人死亡。检修失灵的紧急切断阀一般按如下程序准备：

（1）将储罐内的氯磺酸移至其他储罐；

（2）将水徐徐注入储罐，使残留的浆状氯磺酸分解；

（3）氯磺酸全部分解且烟雾消失以后，往储罐内注水至满罐为止；

（4）静置一段时间后，将水排出；

（5）打开人孔盖，进入储罐内检修。

在这次检修时，负责人为了争取时间，在上述第（3）项准备程序中氯磺酸未完全分解的情况下，连水也没排净就命令检修工去开人孔盖。由于人孔盖螺栓锈死，两名检修工用气割切断螺栓时，突然发生爆炸，负责人和两名检修工当场死亡。试用 ETA 方法分析此事故。

5. 某斜井提升系统中，为防止跑车事故，在矿车下端安装阻车叉，在斜井里安装人工启动捞车器。当提升钢丝绳或连接装置断裂时，阻车叉插入轨道枕木下阻止矿车下滑。当阻车叉失效时，作业人员则启动捞车器拦住矿车。设钢丝绳断裂概率为 0.001，钢丝绳连接装置断裂概率为 0.000 001，阻车叉失效概率为 0.001，捞车器失效概率为 0.001，作业人员操作捞车器失误概率为 0.01。请画出因钢丝绳及其连接装置断裂引起跑车事故的事件树，并计算跑车发生概率。

第七章 危险与可操作性研究

危险与可操作性研究（hazard and operability study，HAZOP）是英国帝国化学工业公司于 1974 年针对化工装置开发的一种危险性评价方法，用于评估化工厂的安全风险。随后，该方法得到了扩展和改进，目前已有商业化软件工具辅助其分析过程的实施。

HAZOP 的基本过程是以引导词为引导，找出系统中工艺过程状态参数的变化（即偏离），然后再继续分析造成偏离的原因、后果及可以采取的对策。它的基本原理是系统中工艺流程的状态参数（如温度、压力和流量等）一旦与设计规定的基准状态发生偏离，系统就会发生问题或出现危险。因此，研究这种偏离现象、辨识由于偏离而产生的危险后果是 HAZOP 的主要任务。分析过程中，分析人员对单元中的工艺过程及设备状况要深入了解，对于单元中的危险及应采取的措施要有透彻的认识。

HAZOP 方法是危险化学品领域分析新建工艺装置设计缺陷、排查在役装置事故隐患、预防重大事故发生的重要工具，在石油化工行业得到广泛应用，国际上较为通行标准是 IEC 61882（最新版为 2016 年版），我国的现行国家标准为《危险与可操作性分析（HAZOP 分析）应用指南》（GB/T 35320—2017）。

现阶段对于危险化学品建设项目，在工程设计阶段的 HAZOP 执行较为完善，基本可以认为是 100% 实施。同时，行业标准和大型石油化工企业对于在役装置的 HAZOP 也提出了自己的要求：《化工过程安全管理导则》（AQ/T 3034—2022）中要求，装置建成后每 3 年进行一次分析；中国石化集团公司要求对于在役装置 4 ~ 6

年进行一次 HAZOP；中国石油天然气集团有限公司要求每 5 年进行一次在役装置 HAZOP 分析等。

对于企业来说，采用先进的、科学的、严谨的方法对正在设计、施工和在役的工程项目或生产装置进行 HAZOP，对工艺过程的变化（偏差）加以确定，找出装置及生产过程中存在的危害，从而充分识别危险，在此基础上提出措施进行控制，对预防和减少事故具有重要意义。

第一节 基本概念和术语

1. 意图

意图是指工艺某一部分需完成的功能，一般情况下用流程图来表示。

2. 偏离

偏离是指与设计意图的情况不一致。在分析中运用引导词系统地审查工艺参数来发现偏离，即偏离由引导词和工艺参数组合而成。

（1）引导词。引导词是指在危险源辨识过程中，为了启发人的思维，对工艺参数定性或定量描述的简单词语。HAZOP 中的引导词见表 7–1。

表 7–1　HAZOP 中的引导词

引导词	意义	详释
没有或不（none）	完全否定	意图全部没有实现，也没有其他事件发生
高或多（more）	量的增加	与标准值相比，数量偏大，如温度、压力值等偏高
低或少（less）	量的减少	与标准值相比，数量偏小，如温度、压力值等偏低
部分（part of）	只实现部分意图	只完成既定功能的一部分，如组分的比例发生变化等
伴随（as well as）	伴随其他事件发生	在完成既定功能的同时，伴随有多余事件发生
相逆（reverse）	意图相反	出现同设计和操作要求完全相反的事或物，如流体反向流动等
异常（other than）	完全替代原意图	出现和设计要求不相同的事或物

（2）工艺参数。工艺参数是指生产工艺的物理或化学特性。进行 HAZOP 时，首先需要由引导词与工艺参数相结合而构成偏离，如“没压力”“压力过大”等。构成偏离常用的生产工艺参数有流量、压力、温度、液位、时间、组分、pH、速度、频率、黏度、浓度、电压、混合、副产物（副反应）、分离和反应等。

引导词与工艺参数相结合设想偏离的例子：否定＋流量 = 无流量；高＋压力 = 压力过高；伴随＋单相 = 两相。寻找偏离时需要注意的事项有两个方面：一是当引导词和工艺参数组合出不合理的偏离不予考虑，如“伴随＋压力”没有意义则不考虑；二是有时需对引导词的含义根据具体情境进行改动，如“伴随”根据情况可改成“立刻”“后来”“那里”等。

3. 原因

产生偏离的原因，通常指的是物的故障、人的失误、意外的工艺状态（如成分的变化）或外界破坏等原因。更为具体的原因可以分为以下 5 类：

（1）容器失效。包括管线、导管、储罐、容器、胶管、玻璃视镜、垫片、密封等失效。

（2）设备故障。包括泵、压缩机、搅拌器、阀门、仪表、传感器、控制器、联锁装置、排放装置、释放装置等失效。

（3）公用工程失效。包括供电、供氮气、供水、制冷、压缩空气、加热、流体输送、供蒸汽、通风等装置失效。

（4）人的失误。包括操作失误、维修失误等。

（5）外部事件。包括吊车冲击、异常天气条件、地震、相邻装置事故冲击、人为破坏、人的消极怠工等。

4. 后果

后果是指偏离设计意图所造成的结果（如有毒物质泄漏等）。

第二节
分析步骤

HAZOP 分析过程的总体逻辑思路是针对工艺过程中的每一个操作步骤或节点，由引导词找到工艺参数与设计要求不一致的地方，即找到偏离，继而进一步分析偏差出现的原因及其产生的后果，根据偏离及其原因和结果提出相应的预防措施或对策。如果需要，可利用事故树对主要危险继续分析，此时 HAZOP 是确定事故树顶上事件的一种方法。

如图 7-1 所示为 HAZOP 分析程序。从具体分析步骤上来说，首先，将分析对象划分为若干单元，在连续过程中的单元以管道为主，在间歇过程中的单元以设备为主。其次，根据分析对象将工艺单元划分为若干操作步骤或节点，对工艺单元内的工艺参数偏差进行依次分析。为保证分析详尽而不发生遗漏，分析时应按照引导

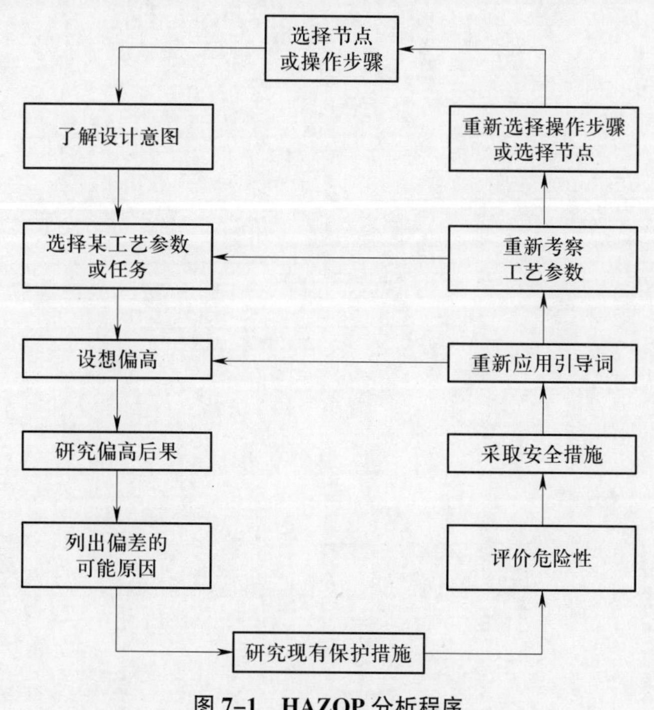

图 7-1　HAZOP 分析程序

词表逐一分析，引导词表可以根据研究对象和环境确定。当必要的引导词均分析完毕后，再考虑其他工艺参数的偏离。最后，全部偏离按照程序分析完毕后填写分析结果汇总表。表 7-2 是 HAZOP 分析结果汇总表的一个示例。

表 7-2　HAZOP 分析结果汇总表（示例）

		车间 / 工段： 系统： 任务：		日期： 设计者： 审核者：
引导词	**偏离**	**可能原因**	**后果**	**必要的对策**

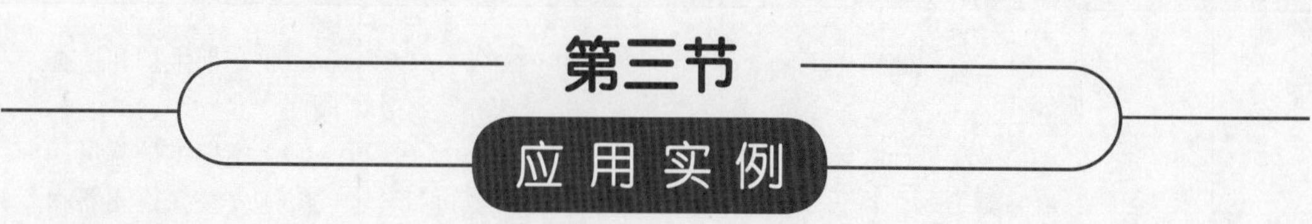

用 HAZOP 分析方法对磷酸氢二铵（DAP）反应系统进行系统安全分析，工艺流程简图如图 7–2 所示。DAP 是含氨和磷两种营养成分的复合肥，由氨水和磷酸反应生成，化学反应式为：

$$H_3PO_4+2NH_3 = (NH_4)_2HPO_4$$

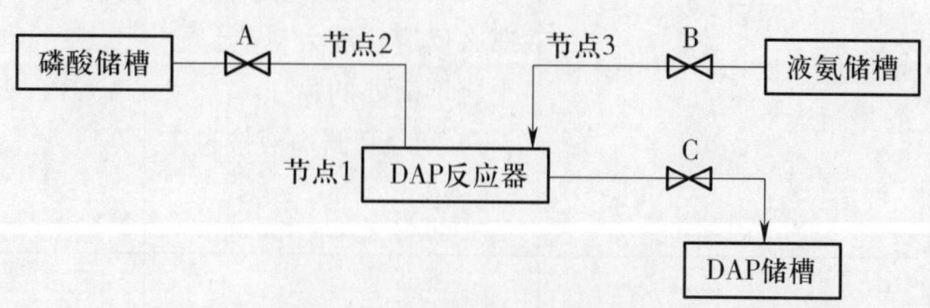

图 7–2　DAP 工艺流程简图

在 DAP 生产过程中，调节磷酸储槽与 DAP 反应器之间管线上的阀门 A，液氨储罐与 DAP 反应器之间管线上的阀门 B，分别控制进入 DAP 反应器的磷酸和氨的速度。

当磷酸进入 DAP 反应器速度相对氨进入速度高时，会生成另一种不需要的物质，但没有危险。当磷酸和氨两者进入 DAP 反应器速度都高于额定速度时，反应释放能量增加，DAP 反应器可能承受不了温度和压力的迅速增加。当氨进入 DAP 反应器的速度高于磷酸时，过剩的氨可能随 DAP 进入敞口的储槽，挥发的氨可能伤害人员。

选择磷酸储槽与 DAP 反应器之间的管线部分为分析对象（节点 2），则该部分的设计意图是向 DAP 反应器输送一定量的磷酸，其工艺参数是流量。HAZOP 分析把 7 个引导词与工艺参数“流量”相结合，设想各种可能出现的偏离，结果见表 7–3。

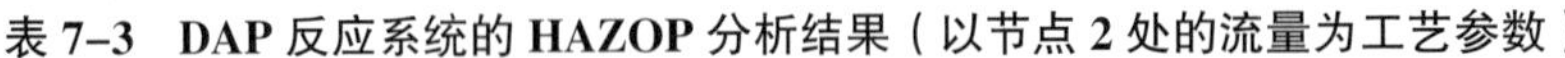

表 7–3 DAP 反应系统的 HAZOP 分析结果（以节点 2 处的流量为工艺参数）

引导词	偏差	可能原因	后果	措施
没有	没有流量	（1）磷酸储槽中无物料 （2）流量计故障（指示偏离） （3）操作者调节磷酸量为 0 （4）阀门 A 故障 （5）管线堵塞 （6）管线泄漏或破裂	DAP 反应器中氨过量进入 DAP 储槽，挥发到工作区域	（1）定期维护和检查阀门 A （2）定期维护流量计 （3）安装氨检测器和报警器 （4）安装流量监控报警、紧急停车系统 （5）工作区域通风 （6）采用封闭式储罐
多	流量大	（1）阀门 A 故障 （2）流量计故障（指示偏低）操作者调节磷酸量过大	（1）DAP 反应器中磷酸过量 （2）如果氨量也大，那么反应释放大量热，生成不需要的物质 （3）DAP 储槽液位过高	（1）定期维护和检查阀门 A （2）定期维护流量计 （3）安装流量监控报警、紧急停车系统
少	流量少	（1）阀门 A 故障 （2）流量计故障（指示偏高） （3）操作者调节磷酸量过小	DAP 反应器中氨过量进入 DAP 储槽，挥发到工作区域	（1）定期维护和检查阀门 A （2）定期维护流量计安装氨检测器和报警器 （3）安装流量监控报警、紧急停车系统 （4）工作区域通风 （5）采用封闭式储罐
以及	输送磷酸和其他物质	（1）原料不纯 （2）原料入口处混入其他物质	（1）生成不需要的物质 （2）混入物或生成物可能有害	（1）定期检查原料成分 （2）定期维护管线系统
部分	磷酸含量不足	原料不纯	（1）生成不需要的物质 （2）混入物或生成物可能有害	定期检查原料成分

续表

引导词	偏差	可能原因	后果	措施
反向	反向输送	DAP 反应器泄放口堵塞	磷酸溢出	定期检查和维护 DAP 反应器
其他	送入的不是磷酸	磷酸储槽中物料不是磷酸	（1）可能发生意外反应 （2）可能带来潜在危险 （3）可能使 DAP 反应器中氨过量	定期检查原料成分

本章小结

HAZOP 是一个能发现新的危险的定性评价方法，特别适用于尚无经验的新技术开发，能辨识静态和动态生产过程中的危险性。因此，HAZOP 既适用于生产工艺的设计阶段，又适用于现有的生产装置。HAZOP 的应用要求有经验丰富的团队领导者，并且与之合作的团队成员应具有针对分析对象的操作和管理经验，同时 HAZOP 也需要诸如功能框图、可靠性框图、前后事件关联图等设计资料作为技术支持。

尽管 HAZOP 方法在多个领域被证明是十分有效的，在实际应用中也不能忽略 HAZOP 本身的局限性：首先，HAZOP 分析关注于单项事件，而不考虑可能事件的组合；其次，HAZOP 分析关注于引导词，从而可能会忽略那些与引导词无关的危险；最后，HAZOP 分析效果依赖于分析团队领导者能力及团队成员的经验，这对 HAZOP 分析的开展水平提出了较高的要求。

1. HAZOP 方法的适用范围和优缺点是什么？

2. HAZOP 方法的分析步骤是什么？

3. HAZOP 的引导词有哪些？

4. 如图 7-3 所示，某蒸汽锅炉系统由一个共用的水源（储罐）提供给三台蒸汽锅炉供水。要保证系统的正常运行，三台蒸汽锅炉中必须有至少两台正常运行，为此，系统中有冗余部件。水泵 1 和水泵 2 都是电驱动的，将水从储罐中抽出供给各电动阀。水泵、电动阀、蒸汽锅炉由同一个计算机监控，且由同一个电源提供电力。请以图中储罐和水泵之间连接的管道为节点、以流量为参数建立 HAZOP 分析表（分析管道输送液态水的情况）。

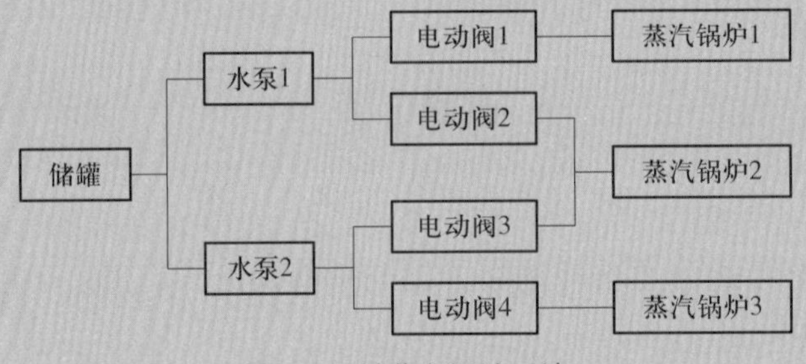

图 7-3　某蒸汽锅炉系统

5. A、B 两种物料在某反应装置中生成产品 C，工艺流程如图 7-4 所示。通过对第一类危险源的分析，如果 B 的浓度超过 A，则发生爆炸反应，这是绝对不允许的。以进反应器前节点 A 流量为参数建立 HAZOP 分析表。

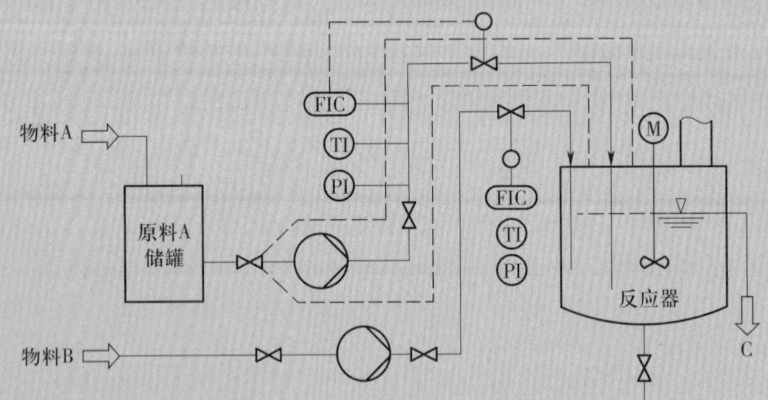

图 7-4　某反应装置工艺流程

FIC—流量调节　TI—温度测量　PI—压力测量　M—电动阀

第八章 火灾、爆炸危险指数评价法

美国道化学公司自1964年开发《火灾、爆炸危险指数评价法》(第一版)以来，不断修改完善，在1993年推出了第七版。道化学公司第七版火灾、爆炸危险指数评价法(以下简称道七版)是以工艺过程中物料的火灾、爆炸潜在危险性为基础，结合工艺条件、物料量等因素求取火灾、爆炸危险指数，以已往的事故统计资料及物质的潜在能量和现行安全措施为依据，以可能造成的经济损失来评估生产装置的安全性。

第一节 评价步骤

道化学火灾、爆炸危险指数评价法基本步骤如图 8–1 所示。

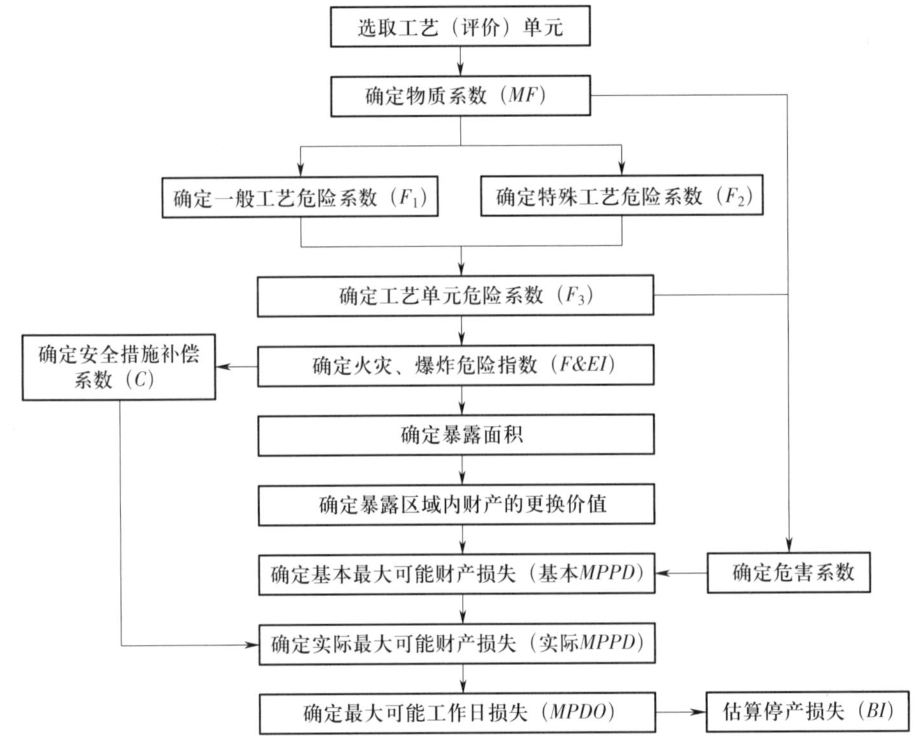

图 8–1　道化学火灾、爆炸危险指数评价法基本步骤

一、选取工艺（评价）单元

一套生产装置包括许多工艺单元，但计算火灾、爆炸危险指数时，只评价那些从损失预防角度来看影响比较大的工艺单元，这些工艺单元可称评价单元。工艺单元的划分要根据设备间的逻辑关系，例如：在氯乙烯单体或二氯乙烷工厂的加热炉

或急冷区中，可以划分二氯乙烷预热器、二氯乙烷蒸发器、加热炉、冷却塔、二氯乙烷吸热器和脱焦槽等单元；仓库的整个储存区不设防火墙，可作为一个单元。选择评价单元时应注重潜在化学能（物质系数），工艺单元中危险物质的数量，资金密度（每平方米投资费用），操作压力，操作温度，导致火灾、爆炸事故的历史资料，对装置操作起关键作用的单元（如热氧化器）等重要参数。一般情况下，这些参数的数值越大，该工艺单元越需要评价。评价单元确定后，将其填写在表 8-1 中"工艺单元"后的空格中。

二、确定物质系数（*MF*）

在火灾、爆炸危险指数的计算和其他危险性评价时，物质系数（*MF*）是最基础的数值，它是表述物质由燃烧或其他化学反应引起的火灾、爆炸中释放能量大小的内在特性。

物质系数根据美国消防协会规定的物质可燃性 N_f 和化学活性（或不稳定性）N_r，从表 8-2 中求取，将所得结果填入表 8-1 的"物质系数（*MF*）"后的空格中。

表 8-2 中 N_r 值可按下述原则确定：

（1）N_r=0，燃烧条件下仍能保持稳定的物质；

（2）N_r=1，加温加压条件下稳定性较差的物质；

（3）N_r=2，加温加压易于发生剧烈化学反应变化的物质；

（4）N_r=3，本身能发生爆炸分解或爆炸反应，但需强调引发源或引发前必须在密闭条件下加热的物质；

（5）N_r=4，在常温常压条件下，自身易于引发爆炸分解或爆炸反应的物质。

三、确定一般工艺危险系数（F_1）

一般工艺危险性是确定事故损害大小的主要因素，共包括 6 项内容，见表 8-1 的"一般工艺危险"下的 A ~ F 内容，具体为放热化学反应、吸热反应、物料处理与输送、封闭式或室内工艺单元、通道、排放或泄漏，每项内容后都有危险系数，根据生产情况确定具体采用的危险系数，将其填入后面对应的空格中。最后将这些危险系数相加，得到单元一般工艺危险系数（F_1），填入表 8-1 “一般工艺危险系数（F_1）”后的空格。当然一个评价单元不一定每项都包括，要根据具体情况选取恰当的系数。

表 8-1　火灾、爆炸危险指数 *F&EI* 计算表

<table>
<tr><td>地区 / 国家：</td><td>部门：</td><td>场所：</td><td>日期：</td></tr>
<tr><td>位置：</td><td>生产单元：</td><td colspan="2">工艺单元：</td></tr>
<tr><td>评价人：</td><td colspan="2">审定人（负责人）：</td><td>建筑物：</td></tr>
<tr><td>检查人（管理部）：</td><td colspan="2">检查人（技术中心）：</td><td>检查人（安全和损失预防）：</td></tr>
<tr><td colspan="4">工艺设备中的物料：</td></tr>
<tr><td colspan="2">操作状态：设计—开车—正常操作—停车</td><td colspan="2">确定 MF 的物质：</td></tr>
<tr><td colspan="3">物质系数（MF）：</td><td>温度：</td></tr>
<tr><td colspan="2">1. 一般工艺危险</td><td>危险系数</td><td>采用危险系数</td></tr>
<tr><td colspan="2">基本系数</td><td>1.00</td><td>1.00</td></tr>
<tr><td colspan="2">A. 放热化学反应</td><td>0.30 ~ 1.25</td><td></td></tr>
<tr><td colspan="2">B. 吸热反应</td><td>0.20 ~ 0.40</td><td></td></tr>
<tr><td colspan="2">C. 物料处理与输送</td><td>0.25 ~ 1.05</td><td></td></tr>
<tr><td colspan="2">D. 密封式或室内工艺单元</td><td>0.25 ~ 0.90</td><td></td></tr>
<tr><td colspan="2">E. 通道</td><td>0.20 ~ 0.35</td><td></td></tr>
<tr><td colspan="2">F. 排放或泄漏</td><td>0.25 ~ 0.50</td><td></td></tr>
<tr><td colspan="3">一般工艺危险系数（F_1）</td><td></td></tr>
<tr><td colspan="2">2. 特殊工艺危险</td><td></td><td></td></tr>
<tr><td colspan="2">基本系数</td><td>1.00</td><td>1.00</td></tr>
<tr><td colspan="2">A. 毒性物质</td><td>0.20 ~ 0.80</td><td></td></tr>
<tr><td colspan="2">B. 负压（<66.5 kPa）</td><td>0.50</td><td></td></tr>
<tr><td colspan="2">C. 易燃范围内及接近易燃范围的操作
惰性化
未惰性化</td><td></td><td></td></tr>
</table>

续表

a. 罐装易燃液体	0.50	
b. 过程失常或吹扫故障	0.30	
c. 一直在燃烧范围内	0.80	
D. 粉尘爆炸（由道七版技术资料查得）	0.25 ~ 2.00	
E. 压力（由道七版技术资料查得） 操作压力（绝对压力）/kPa		
F. 低温	0.20 ~ 0.30	
G. 易燃及不稳定物质的能量 物质质量 /kg 物质燃烧热 /（J/kg）		
a. 工艺中的液体及气体（由道七版技术资料查得）		
b. 储存中的液体及气体（由道七版技术资料查得）		
c. 储存中的可燃固体及工艺中的粉尘（由道七版技术资料查得）		
H. 腐蚀与磨蚀	0.10 ~ 0.75	
I. 泄漏（接头和填料）	0.10 ~ 1.50	
J. 使用明火设备（由道七版技术资料查得）		
K. 热油（热交换系统）	0.15 ~ 1.15	
L. 转动设备	0.50	
特殊工艺危险系数（F_2）		
工艺单元危险系数（$F_3=F_1 \times F_2$）		
火灾、爆炸危险指数（$F\&EI=F_3 \times MF$）		

注：各项无危险时系数计为 0.00。

表 8-2　物质系数确定表

液体、气体的易燃性或可燃性	NFPA325M 或 49	反应性或不稳定性				
		N_r=0	N_r=1	N_r=2	N_r=3	N_r=4
不燃物	N_f=0	1	14	24	29	40
F.P.>93.3 ℃	N_f=1	4	14	24	29	40
37.8 ℃≤ *F.P.* ≤ 93.3 ℃	N_f=2	10	14	24	29	40
22.8 ℃≤ *F.P.* ≤ 37.8 ℃ 或 *F.P.*<22.8 ℃ 并且 *B.P.* ≥ 37.8 ℃	N_f=3	16	16	24	29	40
F.P.<22.8 ℃ 并且 *B.P.* ≥ 37.8 ℃	N_f=4	21	21	24	29	40
可燃性粉尘或烟雾						
St-1（Ks_t<20 MPa）		16	16	24	29	40
St-2（Ks_t=20 ~ 30 MPa）		21	21	24	29	40
St-3（Ks_t>30 MPa）		24	24	24	29	40
可燃性固体						
厚度 >40 mm 紧密的	N_f=1	4	14	24	29	40
厚度 <40 mm 疏松的	N_f=2	10	14	24	29	40
泡沫材料、纤维、粉状物等	N_f=3	16	16	24	29	40

注：表中 *F.P.* 为闭杯闪点；*B.P.* 为标准温度和压力下的沸点；*St* 为可燃性粉尘等级。

四、确定特殊工艺危险系数（F_2）

特殊工艺危险性是影响事故发生概率的另一主要因素，共包括 12 项内容，见表 8-1 的“特殊工艺危险”下的 A ~ L 内容，具体为毒性物质、负压、易燃范围内及接近易燃范围的操作、粉尘爆炸、压力、低温、易燃及不稳定物质的能量、腐蚀与磨蚀、泄漏、使用明火设备、热油、转动设备。每项内容后都有危险系数范围，根据生产情况并结合道七版技术资料查得具体采用的危险系数，将其填入后面对应的空格中。最后将这些危险系数相加，得到单元特殊工艺危险系数（F_2），填入

表 8-1 “特殊工艺危险系数（F_2）”后的空格中。当然一个评价单元不一定每项都包括，要根据具体情况选取恰当的系数。

五、确定工艺单元危险系数（F_3）

工艺单元危险系数（F_3）等于一般工艺危险系数（F_1）和特殊工艺危险系数（F_2）的乘积，所得结果填入表 8-1 的“工艺单元危险系数（$F_3=F_1\times F_2$）”后的空格中。

六、确定火灾、爆炸危险指数（*F&EI*）

火灾、爆炸危险指数用来估算生产过程中事故可能造成的破坏情况，它等于物质系数（*MF*）和工艺单元危险系数（F_3）的乘积，所得结果填入表 8-1 的“火灾、爆炸危险指数（$F\&EI=F_3\times MF$）”后的空格中。道七版还将火灾、爆炸危险指数划分成 5 个危险等级（见表 8-3），以便了解工艺单元火灾、爆炸危险的严重程度。

表 8-3　*F&EI* 及其危险等级划分

F&EI 值	1 ~ 60	61 ~ 96	97 ~ 127	128 ~ 158	>159
危险等级	最轻	较轻	中等	很大	非常大

七、确定暴露面积

暴露区域半径 $R=F\&EI\times 0.84/3.281$（m），该半径表明生产单元危险区域的平面分布，即以工艺设备的关键部位为中心，以暴露区域半径为半径的圆。根据暴露区域半径计算出暴露区域面积（$S=\pi R^2$），该面积表明其内的设备将暴露在本单元发生的火灾、爆炸环境中。

为了评价设备在火灾、爆炸中的损失，要考虑实际影响的体积，该体积是一个围绕着工艺单元的圆柱体（以暴露面积为底面、暴露半径为高）体积。具体情况可查阅道七版更为详尽的技术手册。

八、确定暴露区域内财产的更换价值

暴露区域内财产价值由区域内含有的财产的更换价值来确定，计算公式为：

$$更换价值 = 原来成本 \times 0.82 \times 价格增长系数 \quad (8-1)$$

式 8–1 中，系数 0.82 是考虑事故时有些成本不会被破坏或无须更换，如场地、道路、地下管线、地基和其他工程等。如果更换价值有更精确的计算，这个系数可以改变。

九、确定危害系数

危害系数由工艺单元危险系数（F_3）和物质系数（MF）按图 8–2 来确定。如果 F_3 数值超过 8.0，以 8.0 来确定危害系数。

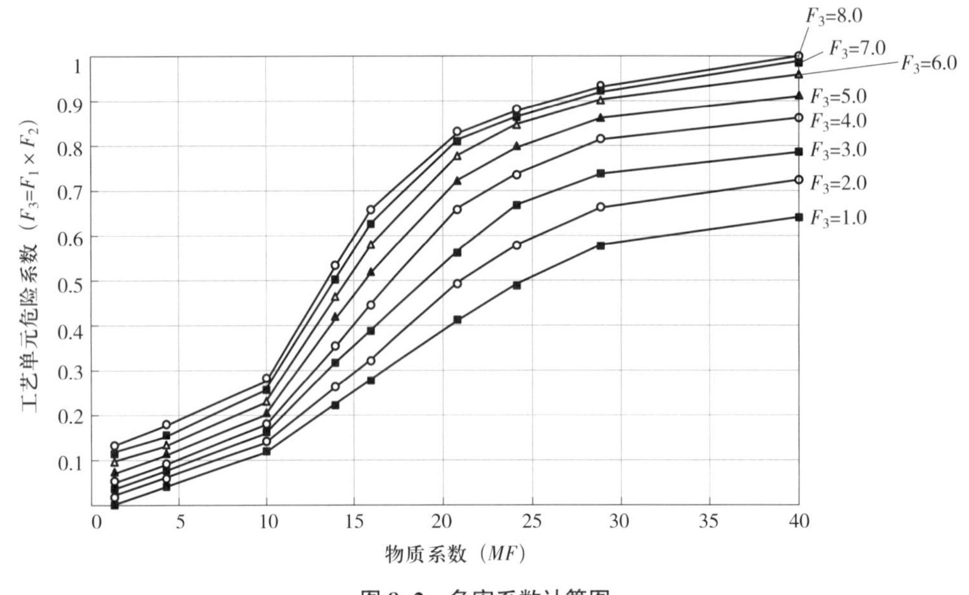

图 8–2　危害系数计算图

十、确定基本最大可能财产损失（基本 *MPPD*）

确定了暴露区域面积（实际为体积）和危害系数后，就可以计算事故造成的最大可能财产损失（基本 *MPPD*）：

$$基本\ MPPD = 更换价值 \times 危害系数 \quad (8-2)$$

十一、确定安全措施补偿系数（C）

道七版考虑的安全措施分为三类，即工艺控制、物质隔离和防火措施。每一类的具体内容及相应补偿系数见表 8–4，如某“项目”无安全补偿系数时，则其对应后的空格填写“1.0”，各项安全措施补偿系数值等于其下各项目所选取补偿系数值的乘积，工艺单元的安全措施补偿系数 $C=C_1\times C_2\times C_3$，将计算结果填入表 8–4 中。

表 8–4 安全措施补偿系数表

1. 工艺控制补偿系统（C_1）					
项目	补偿系数	采用系数	项目	补偿系数	采用系数
（1）应急电源	0.98		（6）惰性气体保护	0.94 ~ 0.96	
（2）冷却装置	0.97 ~ 0.99		（7）操作规程 / 程序	0.91 ~ 0.99	
（3）抑爆装置	0.84 ~ 0.98		（8）化学活泼性物质	0.91 ~ 0.98	
（4）紧急切断装置	0.96 ~ 0.99		（9）其他工艺危险	0.91 ~ 0.98	
（5）计算机控制	0.93 ~ 0.99		（10）检查		
C_1=					
2. 物质隔离补偿系数（C_2）					
项目	补偿系数	采用系数	项目	补偿系数	采用系数
（1）遥控阀	0.96 ~ 0.98		（3）排放系统	0.91 ~ 0.97	
（2）卸料 / 排空装置	0.96 ~ 0.98		（4）联锁系统	0.98	
C_2=					
3. 防火措施补偿系数（C_3）					
项目	补偿系数	采用系数	项目	补偿系数	采用系数
（1）泄漏检测装置	0.94 ~ 0.98		（6）水幕	0.97 ~ 0.98	
（2）结构钢	0.95 ~ 0.98		（7）泡沫灭火装置	0.92 ~ 0.97	
（3）消防水供应系统	0.94 ~ 0.97		（8）手提式灭火器材 / 喷水枪	0.93 ~ 0.98	
（4）特殊灭火系统	0.91				
（5）洒水灭火系统	0.74 ~ 0.97		（9）电缆防护	0.94 ~ 0.98	
C_3=					
安全措施补偿系数 C（$C=C_1\times C_2\times C_3$）=					

注：无安全补偿措施时，填入 1.00。

十二、确定实际最大可能财产损失（实际 *MPPD*）

基本最大可能财产损失与安全措施补偿系数的乘积就是实际最大可能财产损失。它表示采取适当的（但不完全理想）防护措施后事故造成的财产损失。

十三、确定最大可能工作日损失（*MPDO*）

估算最大可能工作日损失是为了评价停产损失（*BI*）。*MPDO* 可在道七版中依据于实际 *MPDD* 查出。

十四、估算停产损失（*BI*）

停产损失估算式为：

$$BI=\frac{MPDO}{30}\times VPM\times 0.7 \tag{8-3}$$

式 8-3 中，*VPM* 为月产值；0.7 为固定成本和利润。

工艺单元危险分析之后，最后根据造成损失的大小确定其安全程度。各工艺单元危险分析结果汇总于表 8-5。

表 8-5　工艺单元危险分析结果汇总表

国家 / 地区：			部门：			场所：	
位置：			工艺单元：			操作类型：	
评价人：			工艺单元总更换价值：			日期：	
工艺单元主要物质	物质系数	火灾、爆炸危险指数（F&EI）	影响区内财产价值	基本 MPPD	实际 MPPD	最大可能工作日损失（MPDO）	停产损失（BI）

第二节　应用说明

道化学火灾、爆炸危险指数评价法中，“一般工艺”“特殊工艺”“控制措施”等的参数系数确定对评价结果有很大的影响，因而评价过程中一定要熟悉系统，系数值的选取很大程度上依据专家的经验。在进行“暴露区域内财产价值”“基本最大可能财产损失”“实际最大可能财产损失”和“最大可能工作日损失”等评价步骤时，一定在参照道化学公司火灾、爆炸危险指数评价法资料的基础上，结合我国的生产和经济发展实际状况。

英国帝国化学公司（ICI）蒙德（Mond）工厂，在美国道化学公司安全评价法的基础上，提出了一个更加全面、更加系统的安全评价法——英国帝国化学公司蒙德法，简称 ICI/Mond 法。该方法与道化学公司的方法原理相同，都是基于物质系数分析方法。在肯定道化学公司的火灾、爆炸危险指数评价法的同时，ICI/Mond 法增加了毒性的概念和计算，增加了几个特殊工程类型的危险性并发展了某些补偿系数。ICI/Mond 法在考虑对系统安全的影响因素方面更加全面，更注意系统性，而且注意到在采取措施、改进工艺后，根据反馈的信息修正危险性指数能对较广范围内的工程及储存设备进行研究，这体现了该方法的动态特性。

本章小结

在火灾、爆炸危险指数评价法中，由于指数的采用，使得系统结构复杂、难以用概率计算事故可能性的问题，但可以通过将其划分为若干个工艺（评价）单元的办法得到解决。这种评价方法，一般将有机联系的复杂系统按照一定原则划分为相对独立的若干个评价单元，针对评价单元逐步推算事故可能损失、事故危险性以及采取安全措施的有效性，再比较不同评价单元的评价结果，确定系统最危险的设备和条件。评价指数值同时含有事故发生可能性和事故后果两方面的因素，避免了事故概率和事故后果难以确定的缺点。

该类评价方法的缺点是：采用的安全评价模型对系统安全保障措施（或设备、工艺）功能的重视不够，评价过程中的安全保障设施（或设备、工艺）的修正系数一般只与设施（或设备、工艺）的设置条件和覆盖范围有关，而与设施（或设备、工艺）的功能多少、优劣等无关；忽略了系统中的危险物质和安全保障设施（或设备、工艺）间的相互作用关系；给定各因素的修正系数后，这些修正系数只是简单地相加或相乘，忽略了各因素之间的重要度的不同。因此，使用该类评价方法时，只要系统中危险物质的种类和数量基本相同，系统工艺参数和空间分布基本相似，即使不同系统服务年限有很大不同而造成实际安全水平已经有了很大的差异，其评价结果也是基本相同的，从而导致该类评价方法的灵活性和敏感性较差。

复习思考题

1. 道化学火灾、爆炸危险指数评价法的优缺点是什么？

2. 在道化学火灾、爆炸危险指数评价法中，若物质系数（MF）为 10，一般工艺危险系数（F_1）为 2.5，特殊工艺危险系数（F_2）为 4.0，则工艺单元危险系数（F_3）应为____，火灾、爆炸危险指数 ***F&EI*** 应为____。

3. 计算火灾、爆炸危险指数，除了考虑物质系数外，还需要考虑生产过程中哪些危险因素？

4. 英国帝国化学公司蒙德法与道化学火灾、爆炸危险指数评价法相比，有哪些相同点和不同点？

5. 某石油化工企业储罐区位于厂区东南角，为半地下建筑形式，所占空间 400 m^3，周围 700 m^2 半径范围内无居民区。储罐区内有储油罐 12 个，其中 30 t 原油储罐 4 个，20 t 汽油储罐 4 个，10 t 柴油储罐 2 个，10 t 煤油储罐2个。经查表：各类储罐的一般工艺危险系数（F_1）为2.70，特殊工艺危险系（F_2）为2.45；汽油物质系数（$MF_{汽油}$）为16，原油物质系数（$MF_{原油}$）为16，柴油物质系数（$MF_{柴油}$）为10。现设定工艺单元危险系数（F_3）为0.63；安全措施补偿系数（C）为0.45。经财务核算和估算，影响区域内设备财产价值约为450万元，增长系数为1，确定最大可能工作日损失为4~15天。

请应用道化学火灾、爆炸危险指数评价法评价该企业储罐区的火灾、爆炸危险性。

第九章 安全评价

企业生产过程是由原料、动力、生产设备与工艺、运输、储存、检测、控制等多个环节构成的复杂系统，涉及广泛的技术领域。企业在规划、设计直至生产、报废等各阶段，对危险、有害因素认识不到位、不全面的话，很可能导致不可接受的事故发生或造成职业危害，安全评价就是解决这些问题的技术手段之一。安全评价的目的在于：从计划、设计、建设、生产和报废等全过程的各阶段考虑安全技术和管理问题，辨识生产过程中的危险、有害因素；对危险、有害因素导致事故发生的原因进行分析，寻求控制事故的技术和管理的措施；分析、计算研究对象存在的危险性，以及导致事故后果的严重程度和频率大小，评价其安全水平，最终促进安全管理系统化，形成教育培训、日常检查、操作维修、应急处置等完整的安全管理体系。

第一节 概 述

安全评价是指以实现工程、系统安全为目标，应用系统安全工程原理和方法，辨识与分析工程、系统、生产经营活动中的危险、有害因素，预测发生事故或造成职业危害的可能性及其严重程度，提出科学、合理、可行的安全对策措施建议，作出评价结论的活动。所谓系统安全评价，实际上是对系统危险性的评价，即评价系统的危险性是否可以被接受，因此往往把系统安全评价称为系统危险性分析或系统危险性评价。安全评价可针对一个特定的对象，也可针对一定区域范围。

一、安全评价的分类

1. 按实施阶段分类

目前，我国的安全评价按实施阶段不同可分为三类，即安全预评价、安全验收评价和安全现状评价。

（1）安全预评价。安全预评价是指在建设项目可行性研究阶段、工业园区规划阶段或生产经营活动组织实施之前，依据相关的基础资料，辨识和分析建设项目、工业园区、生产经营活动潜在的危险、有害因素，确定其与安全生产法律法规、行政规章、标准规范的符合性，预测发生事故的可能性及其严重程度，提出科学、合理、可行的安全对策措施及建议，作出安全评价结论的活动。

（2）安全验收评价。安全验收评价是指在建设项目竣工后正式生产运行前或工业园区建设完成后，通过检查建设项目安全设施与主体工程同时设计、同时施工、同时投入生产和使用的情况或工业园区内的安全设施、设备、装置投入生产和使用的情况，检查安全生产管理措施落实到位情况，检查安全生产规章制度建立健全情况，检查事故应急救援预案建立情况，审查确定建设项目、工业园区建设满足安全生产法律法规、行政规章、标准规范要求的符合性，从整体上确定建设项目、工业园区的运行状况和安全管理情况，作出安全验收评价结论的活动。

（3）安全现状评价。安全现状评价是指针对生产经营活动、工业园区的安全管理等情况，辨识与分析其存在的危险、有害因素，审查确定其与安全生产法律法规、行政规章、标准规范要求的符合性，预测发生事故或造成职业危害的可能性及其严重程度，提出科学、合理、可行的安全对策措施建议，作出安全现状评价结论的活动。安全现状评价既适用于对一个生产经营单位或一个工业园区的评价，也适用于某一特定生产方式、生产工艺、生产装置或作业场所的评价。

2. 按方法分类

安全评价可以按评价方法特点分为定性安全评价方法和定量安全评价方法。其中，定量安全评价方法又可按照评价给出的结果类别不同分为概率风险评价法、伤害（或破坏）范围评价法、危险指数评价法等。

（1）概率风险评价法。概率风险评价法是根据事故的基本致因因素的发生概率，应用数理统计中的概率分析方法，求取事故基本致因因素的关联度（或重要度）或整个评价系统的事故发生概率的安全评价方法。事故树分析是典型的概率风险评价方法。

（2）伤害（或破坏）范围评价法。伤害（或破坏）范围评价法是根据数学模型求取事故对人员伤害范围或对物体的破坏范围的安全评价方法。该类方法的数学模型很多，相关计算机软件也很多。例如，液体泄漏模型、气体泄漏模型、气体绝热扩散模型、池火火焰与辐射强度评价模型、火球爆炸伤害模型、爆炸冲击波超压伤害模型、蒸气云爆炸超压破坏模型、毒物泄漏扩散模型和锅炉爆炸伤害 TNT 当量法等，都属于这类评价方法。

（3）危险指数评价法。危险指数评价法是应用系统的事故危险指数模型，根据系统及其物质、设备（设施）和工艺的基本性质和状态，采用推算的办法，逐步给出事故的可能损失、事故的危险性以及采取安全措施的有效性的安全评价方法。常用的危险指数评价法有：道化学公司火灾、爆炸危险指数评价法，蒙德火灾、爆炸毒性指数评价法，易燃、易爆、有毒重大危险源评价法等。

二、安全评价的依据

安全评价是一项政策性很强的工作，必须依据我国现行的法律法规体系和标准体系，保障被评价项目的安全运行，保障劳动者在劳动过程中的安全与健康。

1. 法律法规体系

安全评价法律法规体系包括宪法、法律、行政法规、部门规章、地方性法规和地方政府规章、国际法律文件等。

（1）宪法。宪法的许多条文直接涉及安全生产和劳动保护问题，这些规定既是制定安全法律法规的最高法律依据，又是安全法律法规的一种表现形式。

（2）法律。法律是由全国人民代表大会及其常务委员会制定并以法律形式颁布实施的，如《中华人民共和国劳动法》《中华人民共和国安全生产法》《中华人民共和国矿山安全法》等。

（3）行政法规。安全生产行政法规是由国务院制定的，如国务院发布的《危险化学品管理条例》《女职工劳动保护特别规定》等。

（4）部门规章。安全生产部门规章是由国务院有关部门制定的专项规章，是法律法规体系中数量最多的一类。

（5）地方性法规和地方政府规章。地方性法规是由各省、自治区、直辖市人民代表大会及其常务委员会根据本行政区域的具体情况和实际需要，在不同宪法、法律、行政法规相抵触的前提下，制定的有关安全生产的规范性文件；地方政府规章是由各省、自治区、直辖市和设区的市、自治州的人民政府制定的有关安全生产的专项文件。

（6）国际法律文件。国际法律文件主要是指我国政府批准加入的国际劳工公约。

2. 标准体系

安全评价相关标准可按来源、法律效力、对象特征等进行分类。

（1）根据《中华人民共和国标准化法》的规定，按标准的来源，可将其分为五类，即国家标准、行业标准、地方标准、团体标准和企业标准。

（2）按标准的法律效力可分为两类，即强制性标准和推荐性标准。其中，行业标准、地方标准是推荐性标准。

（3）按标准的对象特征可分为管理标准和技术标准，其中技术标准又可分为基础标准、产品标准和方法标准三类。

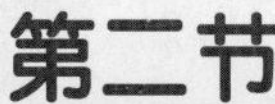

第二节 安全评价的内容和程序

一、安全评价的内容

安全评价包括危险性识别和危险度评价两大部分，即包括危险、有害因素识别及危险和危害程度评价两部分。危险、有害因素的识别目的在于识别危险来源，危险和危害程度评价的目的在于确定危险源的危险性、危险程度、应采取的控制措施，以及判别采取控制措施后仍然存在危险性是否可以被接受。在实际安全评价过程中，这两个方面相互交叉、相互重叠于整个评价过程中。安全评价的基本内容如图 9–1 所示。

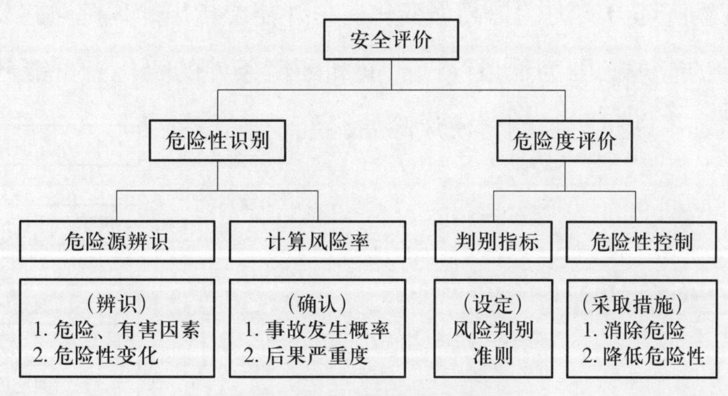

图 9–1　安全评价的基本内容

随着现代科学技术的发展，在安全技术领域，已由以往主要研究、处理那些已经发生和必然发生的事件，发展为主要研究、处理那些还没有发生但有可能发生的事件，并把这些事件发生的可能性具体化为一个数量指标，计算事故发生的概率，衡量事故后果严重程度，制定安全标准和对策措施，并对其进行综合比较和评价，从中选择最佳方案，预防事故发生。

在危险度评价时，需要判定识别出的风险是否可接受，即需要将计算出的风险大小（或风险率）与风险判别指标进行对照。风险判别指标是用来衡量系统风险大小以及危险性、危害性是否可接受的尺度，常见的有安全系数、可接受指标、安全指标（包括事故频率、财产损失率和死亡概率等）和失效概率等。

在风险判别指标中，特别值得说明的是风险的可接受指标。世界上没有绝对的安全，所谓安全是事故风险达到了合理可接受并尽可能低的程度。无论减少事故发生概率还是采取防范措施使事故产生的可能损失降到最小，都要投入资金、技术和劳务，通常的做法就是将风险控制在一个合理、可接受的水平上。在安全评价中不是以危险性、危害性为零作为可接受的标准，而是以一个合理可行的指标作为可接受标准。因此，风险判别指标是根据具体的经济、技术情况，对事故及其危害后果，以及事故发生的可能性和安全投资水平进行综合分析、归纳和优化，依据统计数据（有时也依据相关标准），制定出的一系列有针对性的风险等级、指数，以此作为要实现的目标阈值，即可接受风险。

可接受风险是指在规定的性能、时间和成本范围内达到的最佳可接受风险程度。显然，可接受风险指标不是一成不变的，它将随着人们对危险源的深入了解、技术的进步和经济综合实力的提高而变化。另外需要指出，风险可接受并非说就放弃对这类风险的管理，因为低风险随时间和环境条件的变化有可能升级为重大风险，所以应对其不断进行控制，使风险始终处于可接受范围内。

二、安全评价的程序

安全评价的程序（见图 9–2）主要包括前期准备，辨识与分析危险、有害因素，划分评价单元，确定评价方法，定性、定量评价，提出安全对策措施建议，作出安全评价结论，编制安全评价报告。

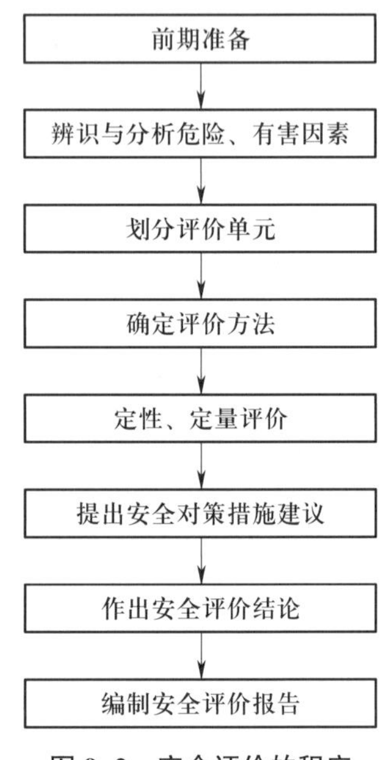

图 9–2　安全评价的程序

1. 前期准备

明确被评价对象，备齐有关安全评价所需的设备、工具，收集相关法律法规、行政法规、标准规范及工程、系统的技术资料。

2. 辨识与分析危险、有害因素

根据被评价对象的具体情况，辨识与分析危险、有害因素，确定危险、有害因素存在的部位与方式和事故发生的途径及其变化的规律。

3. 划分评价单元

在辨识与分析危险、有害因素的基础上，划分评价单元。评价单元的划分应科学、合理，便于实施评价，相对独立且具有明显的特征界限。

4. 确定评价方法

针对不同评价单元的特点和评价需求的不同，确定选用合适的评价方法进行评价，得到有效的结论。

5. 定性、定量评价

按照评价方法要求，对评价对象发生事故的可能性及事故发生后的严重程度进行定性、定量评价。

6. 提出安全对策措施建议

依据危险、有害因素辨识结果与定性、定量评价结果，遵循针对性、技术可行性、经济合理性的原则，提出消除或减弱危险、有害因素的技术和管理措施建议。

7. 作出安全评价结论

根据客观、公正、真实的原则，严谨、明确地作出评价结论。

8. 编制安全评价报告

根据安全评价结论编制相应的安全评价报告。安全评价报告是安全评价过程的具体体现和概括性总结，是评价对象完善自身安全管理、应用安全技术等方面的重要参考资料，是由第三方出具的技术性咨询文件，可为政府监管部门和行业主管部门等相关单位对评价对象的安全行为进行法律法规、行政规章、标准规范的符合性判别所用。

上述安全评价的程序中大部分内容已经在前文中详述，其中第三步划分评价单元和第四步确定评价方法相关内容将在下文中进行详细介绍。

第三节 划分评价单元和确定评价方法

一、划分评价单元

以整个系统作为评价对象实施评价时，一般先按一定原则将评价对象分成若干有限、确定范围的单元分别进行评价，然后综合为整个系统的评价。一般来讲，评价单元可以按照生产工艺功能、生产设备设施相对空间位置来划分，例如，某化工厂可以按照原料储存区域、反应区域、产品区域等几个单元来实施评价，或以化工厂储存区域内一个或共同防火堤（防火墙、防火建筑物）内的储罐作为一个单元。也可以按照危险、有害因素类别和事故范围来划分评价单元，例如某炼油厂可以划分为火灾、爆炸、机械伤害、车辆伤害等几个评价单元。

为便于评价工作的进行，使评价单元相对独立、具有明显的特征界限，也可以根据需要将以上几种思路结合，分层次划分评价单元。例如，首先将某炼油厂的火灾、爆炸作为一个评价单元，然后按馏分、催化重整、催化裂化、加氢裂化等工艺装置和储罐区划分子评价单元，最后按工艺条件、物料种类（性质）和数量细分若干评价单元。总的来说，评价单元的划分没有通用的规则，不同的评价人员对同一个评价对象很可能划分出不同的结果，但只要达到科学评价的目的，评价单元的划分并不要求绝对一致。

二、确定评价方法

在划分了评价单元之后，由于不同评价单元特点不同，生产工艺、设备设施等不同以及事故类型、事故模式等不同，因而所采用的评价方法是不同的。选用合理的评价方法是一项关键性的工作，它关系评价结论是否合理、正确和可靠。

评价方法有很多，各有其特点、适用性。表 9–1 是典型的系统安全分析和评价方法的特点比较，表 9–2 是系统安全分析和评价方法适用项目寿命周期阶段情况。

表 9-1 典型的系统安全分析和评价方法的特点比较

序号	名称	目的	适用范围	编制和使用方法	效果	优缺点
1	安全检查表	检查系统是否符合法律法规、标准规范要求	从设计、建设到生产各个阶段	有经验和专业知识的人员协同编制，经常使用	定性，辨识危险性并使系统保持与标准规定一致，若检查项目赋值，可用于半定量	简便、易于掌握，但编制检查表难度及工作量都很大
2	预先危险性分析	在开发阶段，早期辨识出危险性以避免失误	开发时分析原材料、工艺、主要设备设施以及能量失控时出现的危险性	分析原材料、工艺、主要设备设施等发生危险的原因、可能性及后果，按规定填入表格	得出供设计时使用的危险性一览表	简便易行，但易受分析评价人员主观因素影响
3	失效模式与影响分析	辨识单个失效模式造成的事故后果	主要用于设备和机器故障的分析，也可用于连续生产工艺	将系统分解，求出零部件发生各种失效模式时，对系统或子系统产生的影响	定性并可进一步定量找出失效模式对系统的影响	易于实施，但没能考虑失效组合对系统影响，也不能识别由于非失效原因导致的危险
4	事故树分析	找出事故发生的基本原因及其组合	分析事故或推导事故	由顶上事件用逻辑推导，逐步推导出基本原因事件	定性和定量，能发现事故发生的基本原因和防止事故的措施	精确，但复杂、工作量大，事故树编制有误时易失真

续表

序号	名称	目的	适用范围	编制和使用方法	效果	优缺点
5	事件树分析	辨识初始事件发展成为事故的各种过程及后果	设计时找出适用的安全装置，操作时发现设备故障及误操作将导致的事故	各事件发展阶段均有成功和失败两种可能，由初始事件经过各事件、阶段一直分析出事件发展的最后各种结果	定性和定量，找出初始事件发展的各种结果，分析其严重性，可在各发展阶段采取措施使之朝成功方向发展	简便、易行，但易受分析评价人员主观因素影响
6	危险与可操作性研究	辨识静态和动态过程中的危险性	对新技术、新工艺尚无经验时，用来辨识危险性特别有用	用引导词对工艺过程参数进行检验，分析可能出现的危险性，并提出改进方法	定性，能发现新的危险性	详尽，但较复杂，易受分析评价人员主观因素影响
7	危险指数评价法	对工厂、车间、生产、工艺、单元进行危险度分级	设计时找出薄弱环节，生产时提供危险性信息	按规定方法求出火灾、爆炸指数，毒性指标及各种附加系数，补偿系数，最后计算出危险度等级以及经济损失	定性和定量，可确定工厂、车间、生产、工艺、单元危险度等级	可以综合考虑事故发生可能性和事故后果两方面因素，但忽略了系统中危险物质和安全保障设施（或设备、工艺）间的相互作用关系
8	数学模型计算伤害（或破坏）范围评价法	计算出火灾、爆炸、中毒后果的可能伤害（或破坏）范围	设计和现场	按数学模型计算	定量，可算出人员伤害和财产损失的范围	评价结果直观、可靠，但需要计算机进行计算，评价结果对模型及其初值、边值的依赖性很大

由表 9–1 和表 9–2 可见，应根据分析对象和要求不同选用相应的系统安全分析和评价方法。例如，危险指数评价法、危险与可操作性研究方法一般适用于化工类工艺过程（系统）的安全评价；失效模式与影响分析适用于机械、电气系统的安全评价；事故树分析适用于分析基本的事故致因因素等。

被评价系统若同时存在几类危险、有害因素，用单一方法很难得到满意结果，往往需要用几种安全评价方法分别进行评价。对于规模大、复杂、危险性高的系统可首先开展初步定性的分析，如预先危险性分析、安全检查表等，然后对重点部位（设备或设施）采用系统的定性或定量评价方法进行评价，如事故树分析、事件树分析、危险指数评价等方法。

表 9–2　系统安全分析和评价方法适用项目寿命周期阶段情况

项目寿命周期阶段	安全检查表	预先危险性分析	失效模式与影响分析	事故树分析	事件树分析	危险与可操作性研究	危险指数评价
研究、开发	×	√	×	×	×	×	√
设计	√	√	√	√	√	√	√
建造、启用	√	×	×	×	×	×	×
试生产	√	√	√	√	√	√	×
正常运转	√	×	√	√	√	√	√
改建、扩建	√	√	√	√	√	√	√
事故调查	×	×	√	√	√	√	×
拆除、退役	√	×	×	×	×	×	×

注：√表示通常可使用；× 表示很少使用或不适用。

【延伸阅读】

职业伦理责任重于泰山

2019 年 2 月 23 日，某矿业有限责任公司发生井下车辆伤害重大生产安全事故，造成 22 人死亡、28 人受伤。调查发现，这起事故直接原因为分公司违规使用报废车辆向井下运送作业人员，车辆在行驶过程中，制动系统发生机械故障导致失控引发事故。事故间接原因之一为：某安全评价机构 2017 年 6 月出具的验收评价报告附件中，个别内容未严格按照编写提纲进行编写，附件中只列出了主要大型设备清单，缺少部分辅助设备清单。2018 年 5 月，该评价机构组织专业人员对该矿业有限责任公司开展第三方技术服务工作时，没有严格执行协议内容，安全检查不全面、不深入，未能发现企业人员出入井管理混乱、使用违规车辆运送人员等重大事故隐患和问题。在事故责任认定及处理意见中，给予安全评价机构的技术负责人和安全评价师建议注销安全评价师国家职业资格证、解除聘用合同等行政处罚。

安全评价机构服务的对象涉及化工、冶金、矿山、建材、机械等高危工矿企业，评价报告的真实性影响着企业的风险管控和隐患排查，是关乎财产和生命安全的崇高事业。安全评价人员在具备良好业务能力的前提下，更应该树立职业伦理道德，在评价时以劳动者的生命安全健康为最高利益，遵守正直、诚信的原则，依据法律法规、规章制度、标准规范给出评价结果，绝不可模棱两可含糊其词。安全生产责任制也对安全评价人员作出行政、民事甚至刑事责任追究的规定，安全评价人员必须树立责任重于泰山的思想，为人民的生命安全负责。

应急管理部先后修改、制定了一系列与安全评价相关的管理办法，旨在严格规范安全评价人员的从业行为，切实提高安全评价服务质量和效能，适应新形势下安全生产工作需要和安全评价行业发展需求。2019 年 3 月，应急管理部发布《安全评价检测检验机构管理办法》，对从事安全评价、检测检验服务的机构资质进行规定。2023 年 9 月，应急管理部为加强监管安全评价机构，提高安全评价服务质量，推动安全评价机构和从业人员道德准线，制定并发布了《应急管理部关于进一步加强安全评价机构监管的指导意见》。

复习思考题

1. 什么是可接受风险？

2. 安全评价时如何划分评价单元？

3. 系统安全分析、评价方法中，定性分析方法有哪些？定量分析方法有哪些？

4. 查阅相关法律法规和规章制度，总结国家对安全评价机构的监督管理内容。

5. 请针对某地下商城开展系统安全分析与评价，完成安全评价报告。

第十章 系统安全分析技术新进展

随着社会进步和技术的发展，近些年出现了一些新的评价模型和方法，这些模型和方法也可以应用于安全生产领域，特别是应用于系统安全分析和评价。比较典型的新的评价模型和方法有蝴蝶结分析法、动态贝叶斯网络、层次分析法、灰色关联度分析法、模糊因果图、文本挖掘等，本教材主要介绍动态贝叶斯网络在危险化学品道路运输风险研究、层次分析法安全检查表和灰色关联度分析法在城市生产型企业安全生产指数评价模型以及文本挖掘在行政区事故隐患数据分析等方面的应用。

第一节
驾驶疲劳对危险化学品道路运输事故风险的影响规律

驾驶疲劳是指机动车驾驶人在连续行车一段时间之后，由于反复的、连续的动作重复次数太多，使其生理上、心理上发生某种变化（主要指生理机能与心理机能失调）而在客观上出现驾驶能力（认识能力、辨识能力和操作控制能力）下降的现象。本节考虑驾驶疲劳概率随时间变化规律，基于动态贝叶斯网络建立危险化学品道路运输风险预测模型，分析得到驾驶疲劳影响下危险化学品道路运输事故风险变化规律。

一、动态贝叶斯网络

动态贝叶斯网络（dynamic bayesian network，DBN）是一个有向无环图，其节点代表随机变量，有向边代表随机变量间的条件依赖关系。DBN 是静态贝叶斯网络在时间领域的拓展，即在网络结构上加入时间属性约束，借助不同时刻节点状态所形成的数据，反映其代表变量的发展变化趋势。

DBN 包含了两个假设：一个是马尔科夫性假设，即 $t+1$ 时刻变量集的状态只与 t 时刻变量集的状态有关；另一个是齐次性假设，即贝叶斯网络中的拓扑结构、条件概率和动态节点状态转移概率不随时间变化。基于这两个假设，建立在随机过程时间轨迹上的 DBN 由两部分组成，即初始贝叶斯网络 B_0 和转移网络 $B_{\rightarrow}$。其中，初始网络 B_0 就是定义在初始状态 X_0 上的联合概率分布，是一个静态贝叶斯网络；而转移网络 $B_{\rightarrow}$则是定义在 X_0、X_1、…、X_T 上的条件概率，它由两个及以上时间段的静态贝叶斯网络和有向边构成，相邻时间段间的静态网络通过有向边连接，有向边代表相邻时间段节点间的依赖关系，即条件概率表示为网络中时间段 t 上的节点对时间段 $t+1$ 上节点的条件概率分布，计算遵循式 10–1。给定时间段的个数，将初始网络 B_0 和转移网络 $B_{\rightarrow}$进行叠加，则构成完整的动态贝叶斯网络结构。

$$P(X^{t+1} \mid X^{t}) = \prod_{i=1}^{n} P[X_i^{t+1} \mid Pa(X_i^{t+1})] \tag{10-1}$$

式 10–1 中，X_i^{t+1}表示 t+1 时刻网络中的变量 x_i；$Pa(X_i^{t+1})$ 表示 t+1 时刻节点 x_i 的所有父节点，这些父节点既包含时间 t+1 上的节点，又包含时间 t 上的节点；$P[X_i^{t+1} \mid Pa(X_i^{t+1})]$表示 t+1 时刻节点 x_i 在其所有父节点影响下的条件概率。

DBN 中任一节点的联合分布概率可表示为：

$$P(x_{1:N}^{0:T}) = \prod_{i=1}^{N} P_{B_0}[x_i^0 \mid Pa(x_i^0)] \prod_{t=1}^{T} \prod_{i=1}^{N} P_{B_{\rightarrow}}[x_i^t \mid Pa(x_i^t)] \tag{10-2}$$

式 10–2 中，x_i^0、x_i^t 分别表示初始时刻和 t 时刻的变量；N 表示变量的个数；T 表示时间段的数量；$P_{B_0}[x_i^0 \mid Pa(x_i^0)]$表示在初始网络中，变量在受其父节点影响下的条件概率；$P_{B_{\rightarrow}}[x_i^t \mid Pa(x_i^t)]$ 表示在转移网络中，t 时刻变量在受其父节点影响下的条件概率。

二、危险化学品道路运输动态贝叶斯网络风险预测模型

研究者首先收集了来自危险化学品事故信息网站、期刊等媒体公布的 2017—2021 年的 1 389 起事故信息，借鉴有关文献的建模思路，选取 12 个变量作为贝叶斯网络的节点，对节点中的连续变量进行离散化，统计了节点各状态下事故的发生频次、所占样本总数的百分比，对于样本数据的缺失利用期望最大化（expectation-maximum，EM）算法进行参数学习，最终得到静态的危险化学品道路运输贝叶斯网络风险预测模型，如图 10–1 所示。研究者从事故样本中随机抽取 15 个样本对模型进行了验证，其中“事故类型”“事故后果”“事故等级”节点的模型预测结果准确率均大于或等于 80%，表明模型的预测效果很好。

三、动态模型

将“驾驶人行为”这一节点作为动态节点，节点状态为两个，即“疲劳驾驶”和“非疲劳驾驶”。若认为“驾驶人行为”节点各状态的概率变化过程满足马尔科夫性和齐次性假设，可将“疲劳驾驶”概率数值应用有关文献的方法求解出“驾驶人行为”节点的状态转移概率矩阵，见表 10–1。

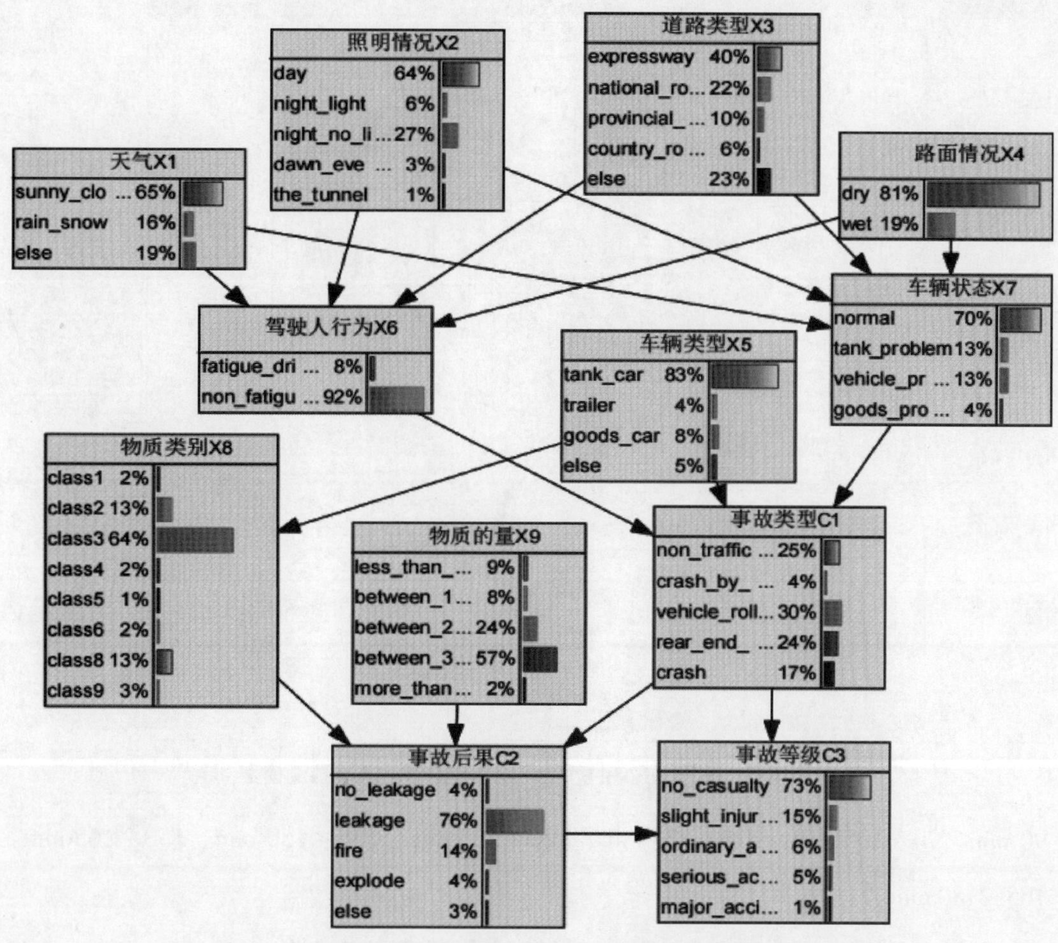

图 10–1　危险化学品道路运输贝叶斯网络风险预测模型（静态）

表 10–1　“驾驶人行为”节点的状态转移概率矩阵

	疲劳驾驶 P	非疲劳驾驶 $1-P$
疲劳驾驶 P	0.94	0.06
非疲劳驾驶 $1-P$	0.06	0.94

将图 10–1 所示的静态贝叶斯网络风险预测模型与表 10–1 中“驾驶人行为”节点的状态转移概率矩阵相结合，建立基于 DBN 的危险化学品道路运输风险预测模型，如图 10–2 所示。其中，“物质的量”“物质类别”和“车辆类型”这三个静态节点状态概率数值是不变的，放置在时间窗口的外部，其他节点的状态会随时间发生变化，则将这些动态节点放置于时间窗口中间的区域。网络中时间长度设为 12 个时间段，分别是：1 ~ 15 min、15 ~ 30 min、30 ~ 45 min、45 ~ 60 min、60 ~ 75 min、75 ~

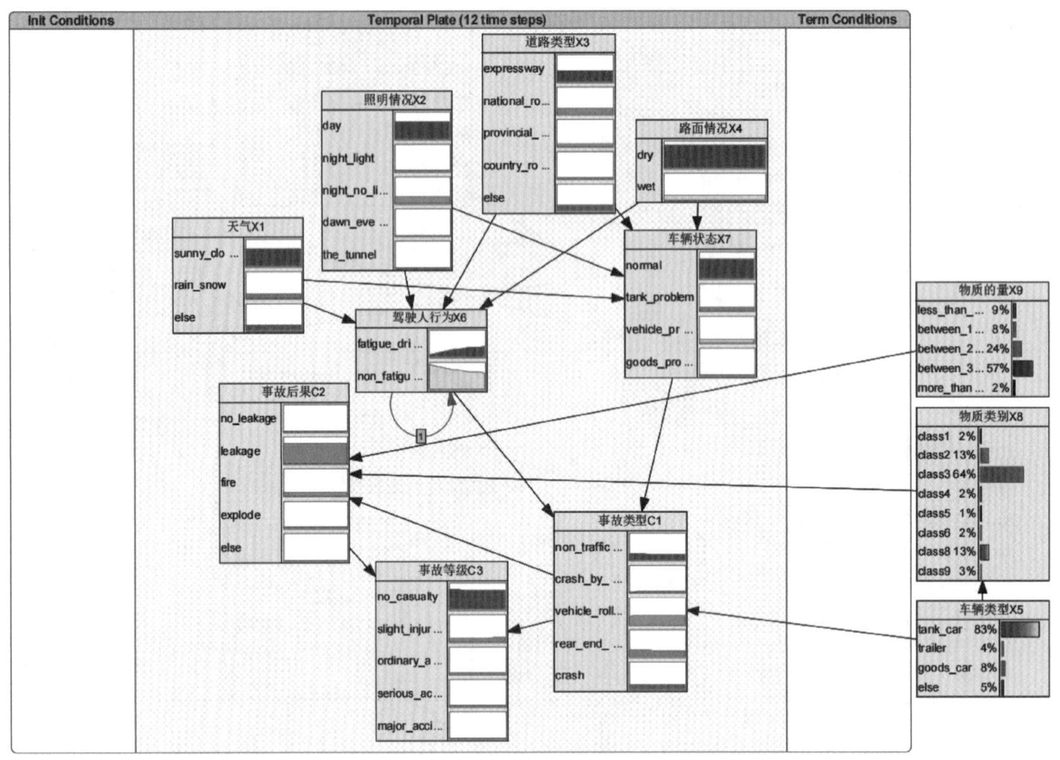

图 10–2　基于 DBN 的危险化学品道路运输风险预测模型

90 min、90 ~ 105 min、105 ~ 120 min、120 ~ 135 min、135 ~ 150 min、150 ~ 165 min、165 ~ 180 min。

四、实例分析和结论

由事故数据统计结果可知，天气为“晴天、多云”、照明情况为“白天”、道路类型是“高速”、路面情况为“干燥”、车辆类型是“罐车”、物质类别为“第三类”、物质的量在区间“[30–40)”内的统计概率最大，因此设定为最常见情境。在此情境下，根据驾驶前 3 小时内驾驶人“疲劳驾驶”的发生概率随时间的变化（见图 10–3），通过模型推理得到后果类节点（“事故类型”节点 C_1、“事故后果”节点 C_2 和“事故等级”节点 C_3）各状态发生概率变化曲线（见图 10–4）。

由图 10–3 和图 10–4 可知，在驾驶前 3 小时内“侧翻”“碰撞”“泄漏”和“有伤亡事故”节点的概率增幅较大，其变化趋势与驾驶人“疲劳驾驶”发生概率的变化趋势一致。在最常见情境下，随着驾驶人“疲劳驾驶”概率随时间的非线性增

“疲劳驾驶”发生概率/%
“非疲劳驾驶”发生概率/%
时间段
疲劳驾驶
非疲劳驾驶

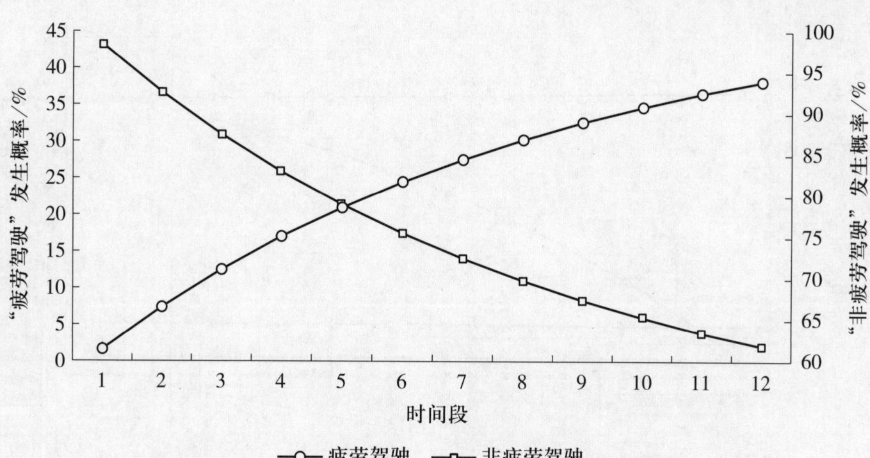

图 10–3　驾驶前 3 小时内驾驶人“疲劳驾驶”的发生概率随时间的变化

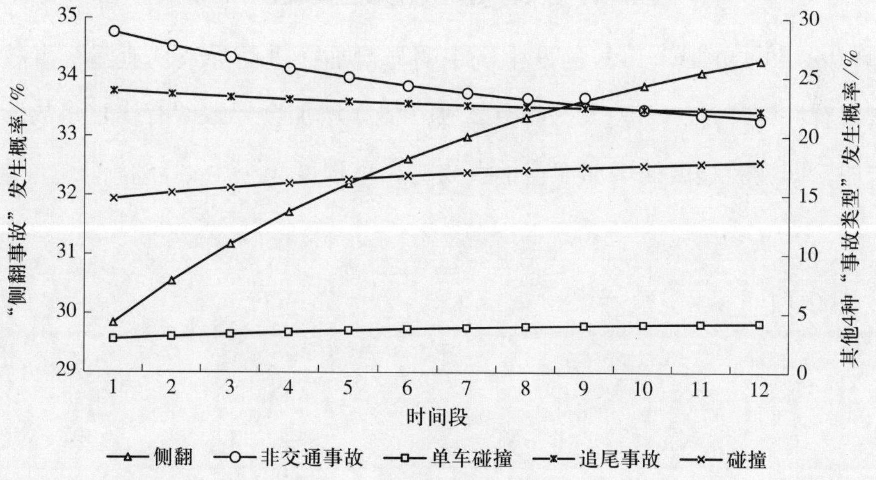

“侧翻事故”发生概率/%
其他4种“事故类型”发生概率/%
时间段
侧翻
非交通事故
单车碰撞
追尾事故
碰撞

（a）“事故类型”节点C_1

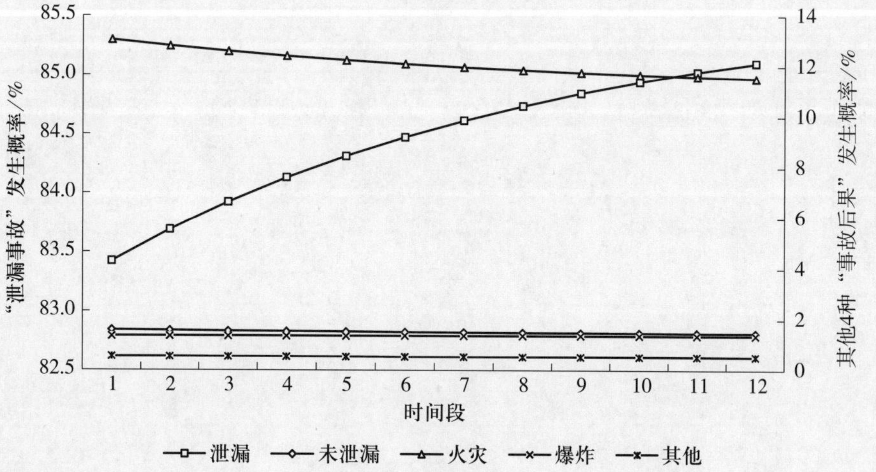

“泄漏事故”发生概率/%
其他4种“事故后果”发生概率/%
时间段
泄漏
未泄漏
火灾
爆炸
其他

（b）“事故后果”节点C_2

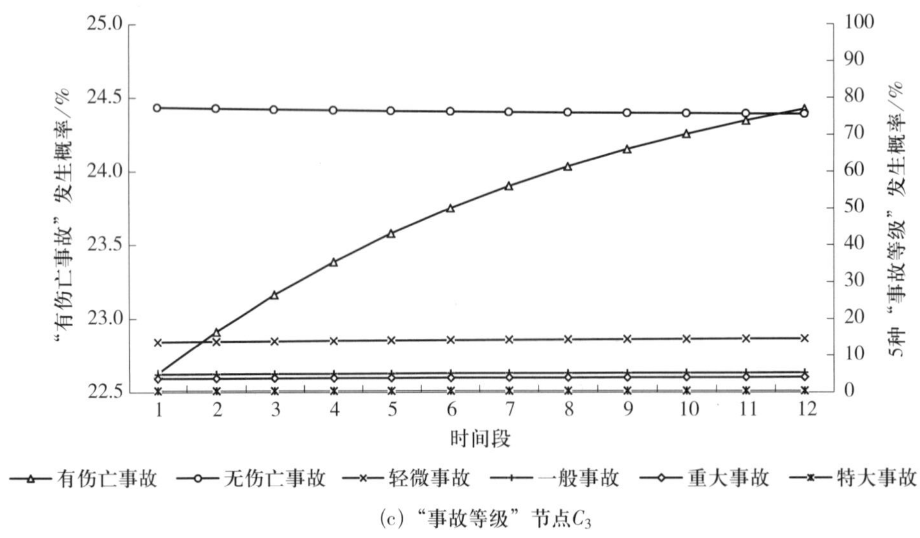

(c)"事故等级"节点C_3

图 10–4　后果类节点各状态发生概率变化曲线

加，"侧翻"和"碰撞"事故的发生概率明显增加，进而导致"泄漏"事故后果的发生概率有一定增加；驾驶人"疲劳驾驶"概率增加会导致"有伤亡事故"发生概率的增加，即疲劳程度的增加加重了事故的严重程度。

第二节 基于 GRA-AHP 的城市生产型企业安全生产指数评价模型

指数最早应用于经济学，是根据某些采样股票、电子现货或债券的价格所设计并计算出来的统计数据，用来衡量股票市场、电子现货或债券市场的价格波动情形。这里应用安全生产指数的概念把企业安全生产水平定量化，即面向企业建立用于安全生产水平量化的指标体系，基于此建立评价模型计算出企业安全生产指数值。由于该指数对企业安全生产活动状况和水平进行表征，利用它可以对行业、企业进行比较分析，为安全监管部门进行科学评价、制定政策和科学激励提供依据。本节内容介绍综合应用层次分析（analytic hierarchy process，AHP）、安全检查表和灰色关联度分析（grey relational analysis，GRA），着眼于构建适用于城市生产型企业的安全生产指数评价模型，构建模型的前提是建立一个能够反映企业安全生产水平的评价指标体系。

一、评价指标体系

根据某城市《生产经营单位安全生产条件普查方案》中的调查项目，可以得到评价指标体系中一级指标分别为企业自身安全特性、企业安全监管和企业安全表征3个指标，进一步把一级指标分解后按照差异性和可获得性的原则，得到该城市生产型企业安全生产指数评价模型的指标体系，见表10–2。

表10–2　某城市生产型企业安全生产指数评价模型的指标体系

一级指标	二级指标	三级指标
企业自身安全特性	危险化学品	类型
		储存形式
		储存量

续表

一级指标	二级指标	三级指标
企业自身安全特性	危险化学品	是否由专人管理
		是否进行了安全评价
		生产、储存场所防护设施的类型和数量
		作业场所防护设施的类型和数量
		重大危险源的类型和数量
		重大危险源是否进行了备案
	职业危害防护	接触职业病危害因素的人数
		职业卫生管理人数
		相关人员（管理人员、主要负责人）是否进行了职业卫生培训
		职业健康检查人数比例
		累计职业病病例数
		是否设置或指定了职业卫生管理机构
		工作场所职业病危害因素是否进行了检测（近 12 个月内）
		职业病危害因素类型
		防护用品、设备的类型和数量
	燃气或液化石油气场所（食堂餐饮类）状况	用气类型
		中餐操作间排油烟管道清洗周期
		燃气或液化石油气使用场所安全设施
		作业间面积
		液化石油气气瓶数量
		液化石油气气瓶间设施
	燃气或液化石油气场所（工业气体类）状况	燃气管道铺设长度（地上和地下）
		用气类型
		作业点气瓶数量

续表

一级指标	二级指标	三级指标
企业自身安全特性	燃气或液化石油气场所（工业气体类）状况	是否有防倾倒措施
		是否涉及储存
		是否专库存放
	特种设备使用情况	特种设备数量
		特种设备类型
		检测的间隔时间
	重点设备使用情况	机械或汽车行业涉及使用设备
		建材行业涉及使用设备
		印刷行业涉及使用设备
	应急救援水平	是否有应急救援队伍
		专职人数
		兼职人数
		应急预案类型
		是否进行了备案
		应急预案演练周期
	企业的安全生产管理能力	单位主要负责人是否持有安全资格证书
		持有安全资格证书的安全生产管理人员人数
		是否设置了安全生产管理机构
		兼职安全生产管理人员人数
		注册助理安全工程师人数
		注册安全工程师人数
		特种作业人员持证人数比例
		特种设备作业人员持证人数比例
企业安全监管	安全生产标准化评审等级	—
	安全文化建设示范企业命名等级	—
	企业是否被举报过	—

续表

一级指标	二级指标	三级指标
企业安全监管	企业是否被执法处罚过	—
	企业被检查的次数	—
企业安全表征	企业发生事故的数量	—
	企业自报隐患的数量	—
	企业安全员检查隐患的数量	—

二、安全生产指数评价模型

计算企业安全生产指数时，需要把表 10–2 中的各个一级指标的指数与它们各自的权重相加而得到，计算式如下：

$$S_I = \alpha S_1 + \beta S_2 + \gamma S_3 \tag{10–3}$$

式 10–3 中，S_I 为企业安全生产指数；S_1 为企业自身安全特性指数；S_2 为企业安全监管指数；S_3 为企业安全表征指数；α 为企业自身安全特性指标权重；β 为企业安全监管指标权重；γ 为企业安全表征指标权重。

式 10–3 中，三个一级指标的权重之和为 1，即 $\alpha+\beta+\gamma=1$，α、β 和 γ 可通过 AHP 确定。针对表 10–2 指标体系中的底层指标建立半定量安全检查表，通过检查表的打分，利用 GRA 可计算表中一级指标的指数值，数值范围是 0 ~ 1，值越大表明企业在此一级指标所示范围内更加安全。以下为各方法的具体应用过程。

1. 基于 AHP 确定指标权重

AHP 方法是确定各级指标权重的分析计算方法，是将决策问题按总目标、各层子目标、评价准则直至具体的备选方案的顺序分解为不同的层次结构，然后用求解判断矩阵特征向量的办法，求得每一层次的各元素对上一层次某元素的优先权重，最后用加权和的方法递阶归并各备选方案对总目标的最终权重。

AHP 方法的应用过程中，首先是构造判断矩阵，这里采用问卷调查的形式。将问卷发放给20位多年从事企业风险辨识和安全评价的专业领域专家，其中8位来自高等院校，7位来自科研院所，5位来自大型国企。收回问卷后，计算每一位专家的判断矩阵结果，按照AHP计算步骤得到各个指标的权重值。把每一位专家的结果与他们自身的权重相加，得到最终指标的权重值。其中，企业安全水平一级指标权重结果见表10–3。

表10–3 企业安全水平一级指标权重

一级指标	企业自身安全特性	企业安全监管	企业安全表征
权重	0.461	0.227	0.313

2. 基于半定量安全检查表得到底层指标评分

由于需要对企业的安全生产情况作定量分析，因此采用半定量安全检查表的方法，该方法介绍见本书第二章内容。安全检查表中的每个评价项目都有规定的评分标准，评分类型分为三种，见表10–4。第一种评分类型是多选项类，需要选择一个或者多个选项的情况，这一类采取的评分方法是：该项总分 –（∑所选项权重 × 该项总分）。第二种类型是需要选择“是”或者“否”的情况，这一类采取的评分方法是赋值法，选择“是”得满分，选择“否”得零分，或者相反。第三种类型是数字类的，这一类采用的评分方法是：该项总分 ×（实际值 – 最小值）/（最大值 – 最小值），每项指标的最大值和最小值是在企业的调查中获得的。

表10–4 三种评分类型及其评分标准

评分类型	评分标准
多选项类	该项总分 –（∑所选项权重 × 该项总分）
“是”“否”类	选择“是”得满分，选择“否”得零分
数字类	该项总分 ×（实际值 – 最小值）/（最大值 – 最小值）

检查表项目包括检查项目、检查结果、该项总分、评分标准和实际得分，其中一级指标的总得分为1 000分。某项检查项目总分由上一级指标总分乘以各自的权重计算得出，实际得分根据评分标准得到，最终每个检查项目的数据都可以统一成为0～100的分值形式。

3. 基于 GRA 得到一级指标指数

GRA 的理论工具是灰色关联度，用于度量两个系统或两个因素之间的关联程度。如果系统或两个因素在发展过程中相对变化态势基本一致，则两者的灰色关联度大；反之，则灰色关联度小。GRA 的基本思路是：先求各个方案与由最佳指标组成的理想方案的灰色关联系数，由灰色关联系数得到灰色关联度，再按灰色关联度的大小进行排序、分析，最终得出结论。

以下是用灰色关联度的计算公式得出企业的安全生产指数。灰色关联度有几种不同的计算方法，这里采用经典的、最常用的邓氏关联分析法。

（1）确定初始的对比序列 X_i 和标准序列 X_0，分别为：

$$X_i=\{x_i(k),\ k=1,\ 2,\ \cdots,\ n;\ i=1,\ 2,\ \cdots,\ m\} \tag{10-4}$$

$$X_0=\{x_0(k),\ k=1,\ 2,\ \cdots,\ n\} \tag{10-5}$$

（2）采用初值法对序列进行无量纲化，得到新的序列：

$$Y_i=X_iD=[y_i(1),\ y_i(2),\ \cdots,\ y_i(n)] \tag{10-6}$$

式 10-6 中，$D=x_i(n)/x_i(1)$；$i=0,\ 1,\ 2,\ \cdots,\ m$。

（3）计算差序列，计算式为：

$$\Delta_{0,\ i}(k)=|y_0(k)-y_i(k)| \tag{10-7}$$

式 10-7 中，$i=0,\ 1,\ 2,\ \cdots,\ m$；$k=0,\ 1,\ 2,\ \cdots,\ n$。

（4）计算两极最大差 M 和最小差 m，分别为：

$$M=\max\Delta_{0,\ i}(k) \tag{10-8}$$

$$m=\min\Delta_{o,\ i}(k) \tag{10-9}$$

（5）计算关联系数，公式为：

$$r_{0,i}(k)=\frac{m+\rho M}{\Delta_{0,i}(k)+\rho M} \tag{10-10}$$

式 10-10 中，取 $\rho=0.5$；$i=0,\ 1,\ 2,\ \cdots,\ m$；$k=0,\ 1,\ 2,\ \cdots,\ n$。

（6）计算关联度，公式为：

$$r(x_0,x_i)=\frac{1}{n}\sum_{k=1}^{n}r_{0,i}(k) \tag{10-11}$$

式 10-11 中，$i=0,\ 1,\ 2,\ \cdots,\ m$。

表 10–2 中每一个一级指标下面的 n 个二级指标的得分就是式 10–4 中初始的对比数列 X_i，而每一个二级指标的满分组成了式 10–5 初始的标准数列 X_0。根据式 10–6 至式 10–11，对数列 X_i 和数列 X_0 进行关联度计算，由此得出表 10–2 指标体系中一级指标的指数大小。

三、模型验证

基于评价指标体系，应用评价模型，根据某城市 15 家企业各个安全生产指标的原始数据，利用安全检查表对其每一个底层指标进行给分，求和得到各个二级指标的总分，把企业的自身安全特性二级指标实际得分与二级指标满分（分别为 87，49，34，49，50，32，58，101）用 GRA 法（式 10–4 至式 10–11）计算出企业的自身安全特性指数值，同样可以得到其他 14 家企业所有的自身安全特性指数。同理，可以得到这 15 家企业另外两个一级指标指数值。

图 10–5 所示为该城市 15 家企业安全生产危险指数与被检查出隐患数量的对比结果。其中，安全生产危险指数 =1– 安全生产指数。企业的安全生产指数越大，即安全生产危险指数越小，说明企业越安全，那么企业被检查出隐患数量也就越少。

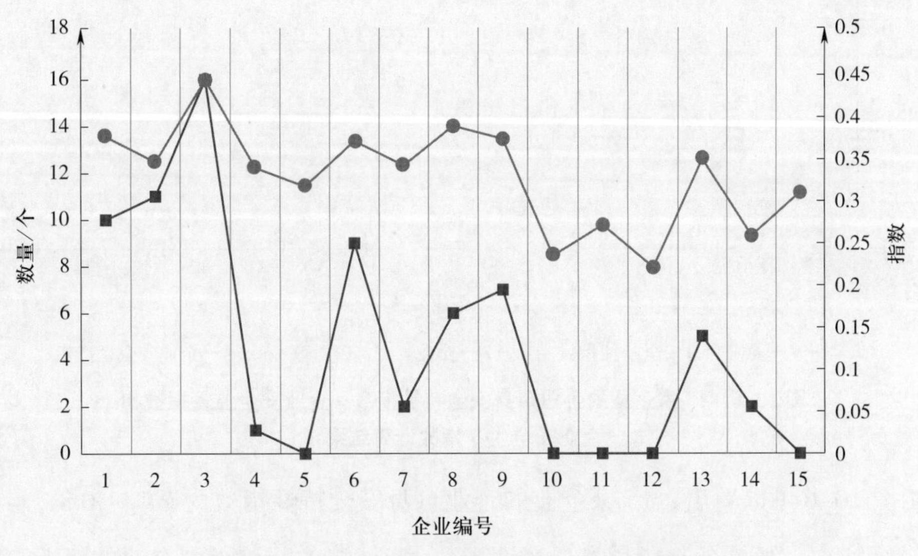

图 10–5　15 家企业安全生产危险指数与被检查出隐患数量的对比结果

由图 10-5 可以看出，各个企业的安全生产危险指数与其对应的被检查出隐患数量的变化趋势一致。因此，说明模型计算出的企业安全生产指数理论值与实际情况是基本符合的，所建立的企业安全生产指标体系和指数计算模型具有一定的现实意义和可靠性。计算出来的指数可以对企业的安全生产水平进行排名，便于安全监管部门对该城市 15 家生产型企业进行有重点的检查和管理。

四、评价结果分析

通过上述计算过程，可以得到各个企业的企业自身安全特性指数、企业安全监管指数和最终的企业安全生产指数。其中，该城市 15 家企业的企业自身安全特性指数、企业安全监管指数和企业安全生产指数计算结果如图 10-6 所示。

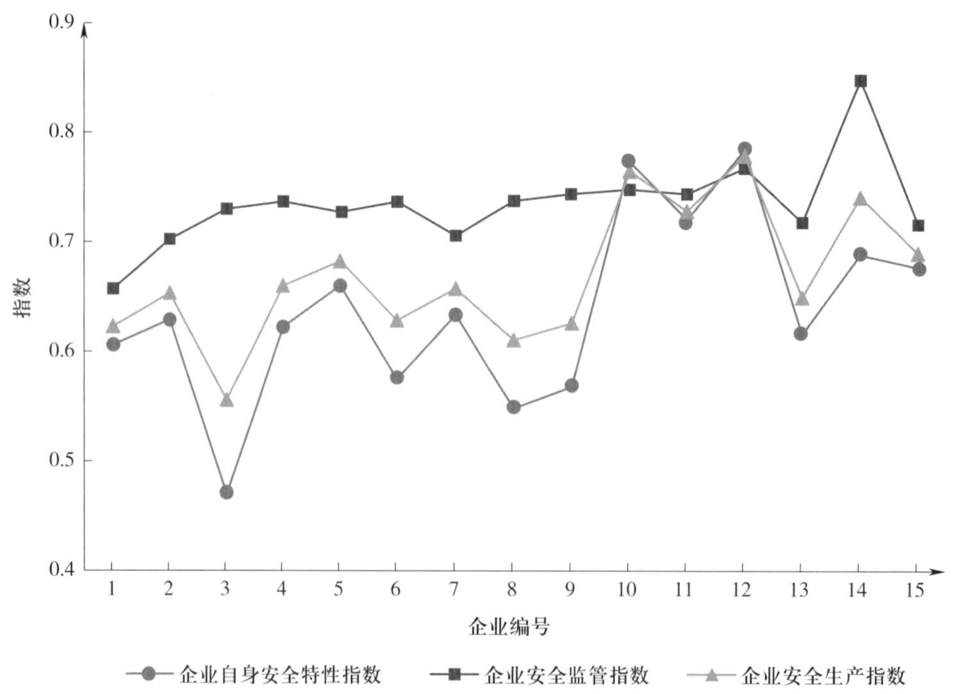

图 10-6　15 家企业的企业自身安全特性指数、企业安全监管指数和企业安全生产指数计算结果

由图 10-6 可以看出，15 家企业的企业自身安全特性指数为 0.4 ～ 0.8，可以分成 4 个级别：一级是企业自身安全特性指数大于 0.7 的，该级别企业的企业自身安全性是最高的；二级是企业自身安全特性指数为 0.6（含）～ 0.7 的，此级别企业的企业自身安全性仅次于一级；三级是企业自身安全特性指数为 0.5（含）~ 0.6 的；四级是企业自身安全特性指数小于 0.5 的，这些企业的企业自身安全性是最低的。15 家企业的企业自身安全性级别及各企业所属行业见表 10–5。

表 10–5　15 家企业的企业自身安全性级别及各企业所属行业

企业自身安全性级别	企业编号	所属行业
一级	10、11、12	建筑业、制造业
二级	1、2、4、5、7、13、14、15	建筑业、化工业、制造业、矿业
三级	6、8、9	建筑业、化工业
四级	3	化工业

由图 10–6 和表 10–5 可见，在 15 家企业中，企业 3 的企业自身危险性是最大的，企业 10、11 和 12 的企业自身危险性相对较小，其中企业 12 自身危险性最小，处于中间水平的企业数量是最多的。从各企业所属行业来看，自身安全特性指数最小的企业 3 和企业 8 都属于化工行业，说明在这 15 家企业中，化工行业的自身危险性要大于建筑业、矿业等其他行业。

由图 10–6 可以看出，15 家企业的企业安全监管指数都大于 0.6，处于中等偏上水平，其中企业 1 的企业安全监管指数最小。因此，建议对企业 1 加大监管力度，对企业安全监管指数值最大的企业 14 予以表彰。

由图 10–6 还可以看出，这 15 家企业的企业安全生产指数都在 0.5 以上，它们的企业安全生产指数排名从高到低分别是：企业 12> 企业 10> 企业 14> 企业 11> 企业 15> 企业 5> 企业 4> 企业 7> 企业 2> 企业 13> 企业 6> 企业 9> 企业 1> 企业 8> 企业 3。据此，可以把这 15 家企业的安全性分为 3 个等级：一级是企业安全生产指数大于 0.7 的；二级是企业安全生产指数为 0.6（含）~ 0.7 的；三级是企业安全生产指数小于 0.6 的。15 家企业安全性分级和所属行业见表 10–6。

根据表 10–6，为该城市生产型企业安全监管部门提出以下建议：

表 10-6　15 家企业安全性分级和所属行业

企业安全性分级	企业编号	所属行业
一级	10、11、12、14	建筑业、制造业、矿业
二级	1、2、4、5、6、7、8、9、13、15	化工业、建筑业、制造业
三级	3	化工业

（1）安全性级别为一级的企业 10、11、12、14 的安全生产工作值得肯定，应在总结已有经验的基础上再创佳绩。

（2）安全性级别为二级的企业 1、2、4、5、6、7、8、9、13、15 的安全生产工作做得比较好，但仍有待提高，应针对这些企业的安全生产薄弱之处重点突破，进一步提升安全生产水平。

（3）安全性级别为三级的企业 3，其安全生产工作做得较差，安全监管部门应该重点关注其安全生产情况。从其指数数据来看，相对于该企业较低的企业自身安全特性指数即较高的企业自身危险特性指数，该企业的安全监管水平尽管做了一些工作，但仍然不够，因此安全监管部门应加强对其监管，使其从本质安全和安全防护两方面出发，有效改善企业的整体安全生产水平。

第三节
某行政区事故隐患数据文本挖掘

某行政区应急管理部门建立了专职安全员检查与督查检查相结合的双重执法检查机制，为了对执法效果进行评估，对辖区内企业事故隐患问题记录进行文本挖掘，力图揭示企业事故隐患数据中的潜在规律。以下研究数据来自该行政区应急管理部门 2019 年 8 月至 2020 年 5 月的执法检查事故隐患督办表和执法检查分析报告。事故隐患文本记录属于典型的非结构化文本，由于检查人员表达习惯与经验水平不同，文本记录具有一定主观性，而利用文本挖掘方法可以解决隐患文本记录行业惯用语多、用语不规范等问题，从而得到蕴含于文本记录中的深层信息，适用性较强。

本节对某行政区安全执法检查隐患记录进行文本预处理，运用 R 语言实现中文文本分词、词频统计以及词云图的绘制，实现对重点隐患的可视化展示。之后，应用 Apriori 算法对经过规范化处理的文本进行关联规则挖掘，探索不同隐患类型的关联关系，并选取主要隐患类型与行业类型、属地类型等影响安全执法检查结果的要素进行关联分析。

一、词云图分析

进行文本挖掘的原始语料选自上述执法检查隐患督办表中的隐患文本记录部分，包括 1 395 家企业的专职安全员检查隐患文本记录 3 433 条、督查检查隐患文本记录 2 465 条。在对这些文本数据应用分词处理之后，调用 R 软件中的 wordcloud2 程序包对分词结果进行可视化，绘制词云图结果如图 10-7、图 10-8 所示。

图 10–7　专职安全员检查隐患词云图

图 10–8　督查检查隐患词云图

由图 10–7、图 10–8 可以看出，“标识”“配电箱”“杂物”以及“灭火器”是专职安全员检查中出现频率较高的四类隐患词汇，出现频数分别为 401、300、271、208；“从业人员”“记录”“杂物”“配电箱”是督查检查中出现频率较高的四类隐患词汇，出现频数分别为 260、232、183、170。总的来看，“标识”“配电箱”“杂物”“灭火器”“从业人员”“记录”隐患为执法检查工作中频繁出现的重点隐患。

二、隐患类型关联规则挖掘

为得到多种隐患类型间的关系，构建事故隐患类型关联规则挖掘模型，可通过绘制隐患类型共现网络图，挖掘隐患类型的关联规则，实现隐患类型共现现象内在逻辑的具体化、可视化与规律化。

将同一企业的一次隐患排查行为视为一个事务，TID 作为事务标识，查出企业存在的 k 种隐患类型作为项集。依据事务集与项集的定义，专职安全员对企业进行的隐患排查为事务集 $\boldsymbol{T}$，隐患排查过程中涉及的隐患类别构成项集 $\boldsymbol{I}$。假定在第 i 次隐患排查中隐患类型 P_j 出现与否用 a_{ij} 来表示，得到隐患类型二元数据分布表，见表 10–7。

表 10–7　隐患类型二元数据分布表

TID	P_1	P_2	…	P_j	…	m
1	a_{11}	a_{12}	…	a_{1j}	…	a_{1m}
2	a_{21}	a_{22}	…	a_{2j}	…	a_{2m}
…	…	…	…	…	…	…
i	a_{i1}	a_{i2}	…	a_{ij}	…	a_{im}
…	…	…	…	…	…	…
n	a_{n1}	a_{n2}	…	a_{nj}	…	a_{nm}

这里选用专职安全员执法检查记录为原始数据来说明关联规则挖掘过程，专职安全员在 2019 年 8 月至 2020 年 5 月进行了 973 次企业隐患排查，即形成 973 个事务。在进行数据筛查及整理后，将数据转换成表 10–8 所列的某行政区隐患类型二元数据分布表，当隐患类型出现时，则 $a_{ij}=Y$；否则，$a_{ij}=N$。

表 10–8　某行政区隐患类型二元数据分布表

TID	安全管理机构或人员	安全生产记录档案	场所环境	…	资质证照
1	N	N	N	…	N
2	N	N	N	…	N
3	N	Y	N	…	N
4	N	N	N	…	N
…	…	…	…	…	…
971	N	N	Y	…	N
972	N	N	N	…	N
973	N	N	Y	…	N

应用软件 IBM SPSS Modeler 18.0 构建隐患类型关联规则挖掘数据流，如图 10–9 所示，其中数据流由节点与链接两部分构成，节点代表数据需要执行的操作，节点之间的链接指示数据流动的方向。

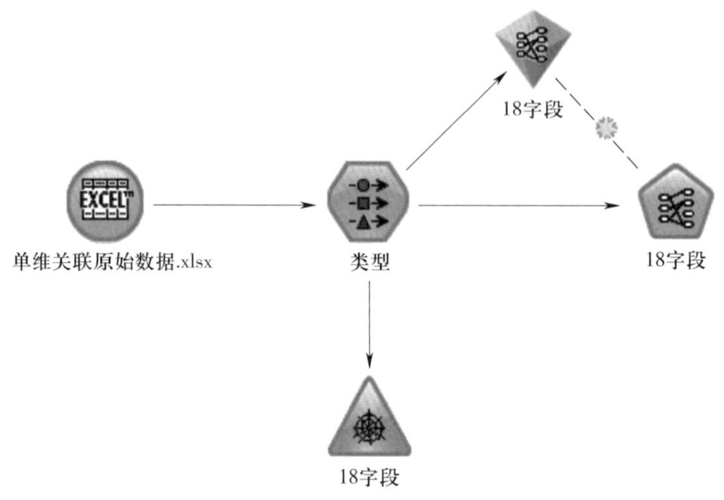

图 10–9　隐患类型关联规则挖掘数据流

具体挖掘步骤如下：

（1）读取企业隐患类型数据。在数据流中添加源节点，从 Excel 表格中读取数据。

（2）规定变量数据类型。在数据流中添加字段类型节点，读取数据中的字段，赋予各字段相应的属性类型，并设置各字段的角色类型。

（3）输出隐患类型共现网络图。在数据流中添加网络节点，设置网络参数，显示不同隐患类型的共现网络图形。

（4）输出隐患类型关联规则。在数据流中添加 Apriori 节点，调整节点参数，进行隐患类型关联规则挖掘。运行隐患类型数据流，可以得出企业隐患类型共现关系网络图，如图 10–10 所示。

在图 10–10 中，各顶点代表不同隐患类型，顶点连线代表不同隐患类型存在的共现关系。其中，连线越粗表示共现关系频次越高，关联关系越强。根据图 10–10 可以得出表 10–9 所列的结论。

在数据流 Apriori 节点中设置最小支持度为 10%，最小置信度为 20%，此时，每条规则至少有 102 个正例，与 973 的事务总数相比较，具有较强代表性。运行数

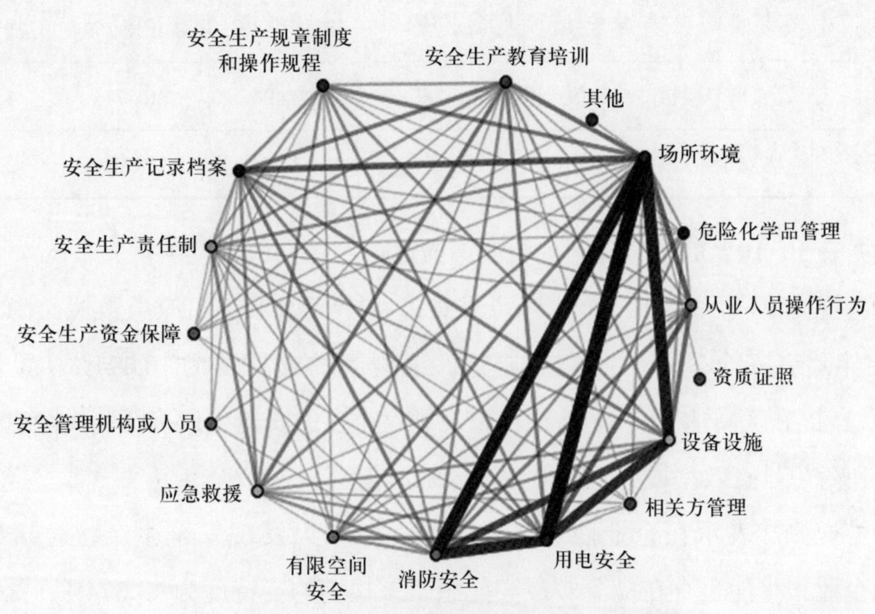

图 10-10 企业隐患类型共现关系网络图

表 10-9 企业隐患类型共现关系网络图结论

序号	隐患类型 1	隐患类型 2	共现频次
1	场所环境	用电安全	最高
2	场所环境	消防安全	较高
3	场所环境	设备设施	较高
4	消防安全	用电安全	较高
5	设备设施	用电安全	较高
6	设备设施	消防安全	较高
7	安全生产记录档案	场所环境	较高
8	场所环境	从业人员操作行为	较高

据流，可以得到 39 条符合条件的关联规则。为使挖掘到的关联规则具有实际意义，增设提升度大于 1 这一条件，对得到的规则进行过滤，最终保留 26 条有效规则。以提升度为指标对规则进行降序排列，前两条隐患类型关联规则挖掘主要结果见表 10-10。

表 10-10　隐患类型关联规则挖掘主要结果

序号	关联规则	支持度 /%	置信度 /%	提升度
规则 1	{应急救援} ⇒ {安全生产责任制}	10.494	26.471	4.218
规则 2	{安全生产教育培训} ⇒ {应急救援}	13.374	27.692	2.639

依据表 10-10，可以对规则进行如下描述：

（1）规则 1 表示在进行企业隐患排查过程中，如果查出应急救援类隐患，很可能会伴随着安全生产责任制类隐患，该规则的支持度为 10.494%、置信度为 26.471%、提升度高达 4.218。按照这一规则对企业的安全生产责任制类隐患进行排查，可使隐患排查效率提升至原效率的 4.218 倍。

（2）规则 2 表示在企业隐患排查过程中，如果发现安全生产教育培训类隐患，该企业很可能也存在应急救援类隐患，该规则的支持度为 13.374%、置信度为 27.692%、提升度为 2.639。按照这一规则对企业的应急救援类隐患进行排查，可使隐患排查效率提升至原效率的 2.639 倍。

三、事故隐患相关因素关联规则挖掘

构建事故隐患相关因素关联规则挖掘模型，通过绘制事故隐患相关因素共现关系网络图，挖掘事故隐患相关因素的关联规则，可发现事故不同影响维度间内在联系，进而指导隐患排查工作。

以某行政区应急管理部门 2019 年 8 月至 2020 年 5 月的执法检查督办记录表为原始数据，排除记录不完全的信息，得到可用的专职安全员检查隐患记录共 3 035 条，即形成 3 035 个事务。构建事故隐患相关因素关联规则挖掘模型过程与前述构建事故隐患类型关联规则挖掘模型过程类似，不同之处在于 D_j 为事故隐患主要影响因素的维度，包括隐患类型、属地类型、行业类型 3 个维度。将规范化处理后的数据导入源节点，并在此基础上，添加过滤器节点，则该节点不仅能够在生成共现关系网络图时保留参与网络生成的字段，还能够在关联规则挖掘过程中剔除不计入关联分析的字段。通过构建关联规则挖掘数据流，在过滤器中保留行业类型与隐患类型字段，设置网络参数，运行数据流，得到如图 10-11 所示的行业类型 × 隐患类型节点共现关系网络图。在图 10–11 中，实心圆表示满足预设条件的隐患类型节点，空心圆表示满足预设条件的行业类型节点。

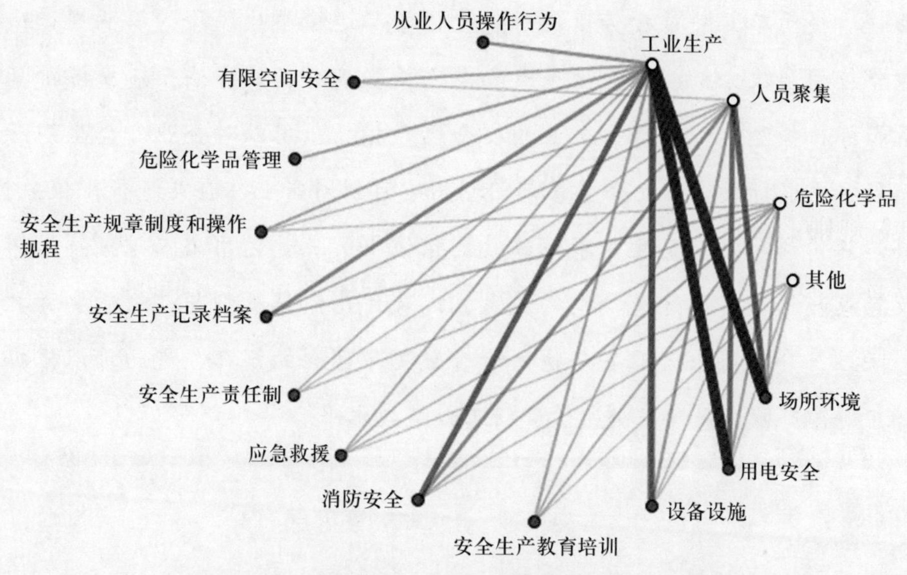

图 10–11 行业类型 × 隐患类型节点共现关系网络图

根据图 10–11，可以得到的结论有：工业生产行业对各类满足预设条件的隐患类型均有涉及，其中出现最频繁的隐患类型为场所环境、用电安全、设备设施及消防安全类隐患；人员聚集行业出现最频繁的隐患类型为场所环境、用电安全与消防安全类隐患。

在过滤器中分别保留属地类型与隐患类型字段、属地类型与行业类型字段，设置网络参数，运行数据流，可以同样得到两个共现关系网络图。

以上分析、归纳得到的主要结论如下：

（1）作为隐患最为集中的行业类型，工业生产行业的场所环境、用电安全隐患最为突出。

（2）该行政区隐患最为集中的区域，其场所环境、用电安全隐患最为突出。

（3）危险化学品企业的隐患类型集中在基础管理类。

因此，该行政区应急管理部门可依据上述结论，有针对性地开展工作，以有效提升隐患执法检查的工作效率。

本章小结

本章内容介绍了三个方面的主题：一是应用动态贝叶斯网络分析危险化学品运输机动车驾驶员疲劳变化对危险化学品运输事故风险的影响规律；二是综合应用层次分析、安全检查表和灰色关联度分析的方法，建立评价指标体系和评价模型，计算得出企业的安全生产指数，用以对企业安全生产活动状况和水平进行表征，安全监管部门利用它可以对行业、企业进行比较分析，为科学评价和制定安全生产激励政策提供依据；三是运用文本挖掘技术探索事故隐患数据中不同隐患类型的关系，以及讨论隐患类型与其影响要素之间的关联性，分析得出企业安全执法检查数据中蕴含的规律，进而可以根据这些潜在规律有效地提升安全监管部门工作绩效水平。

复习思考题

1. 动态贝叶斯网络包含了哪两个假设？

2. 城市生产型企业安全生产指数的现实作用和意义有哪些？

3. 灰色关联度分析计算的基本原理是什么？

4. 文本挖掘对企业事故和事故隐患数据分析有什么作用？

5. 近年新出现的系统安全分析和评价方法还有哪些？他们的应用场景和使用前提是什么？

参考文献

［1］埃里克森．危险分析技术［M］．赵廷弟，等译．北京：国防工业出版社，2012.

［2］陈洪根．可靠性工程［M］．北京：化学工业出版社，2022.

［3］陈仕亮．风险管理［M］．成都：西南财经大学出版社，1994.

［4］陈舒馨，郭耸，陈学兵，等．基于层次分析和预先危险性分析法的建筑施工风险评价［J］．安全与环境工程，2018，25（5）．

［5］陈文瑛．复杂系统安全性评估研究——模糊因果图模型及其应用［M］．北京：化学工业出版社，2015.

［6］陈文瑛，邵海莉，张沚芊．驾驶疲劳对危险化学品道路运输事故风险的影响规律［J］．安全与环境学报，2023，24（2）：644-653.

［7］陈文瑛，王影，李启华．危险化学品道路运输风险预测模型研究［J］．安全与环境学报，2020，20（05）：1683-1689.

［8］樊运晓，罗云．系统安全工程［M］．北京：化学工业出版社，2009.

［9］方栋华，陈加升，季永青．基于 PHA 的城市公交车火灾事故分析［J］．浙江交通职业技术学院学报，2016，17（03）．

［10］化虎蝶．基于贝叶斯网络的大连市环境空气质量研究［D］．大连：大连海事大学，2018.

［11］黄国忠，高学鸿．安全评价原理及应用［M］．北京：机械工业出版社，2023.

［12］江来，肖芬．中国航天之父——钱学森［M］．北京：中国少年儿童出版社，2011.

［13］李淼，王磊，熊芬芬，等．可靠性工程基础［M］．北京：北京理工大学

出版社，2023.

［14］李学峰.新街口地区生产经营单位安全生产分类分级管理研究［D］.北京：首都经济贸易大学，2018.

［15］林柏泉，张景林.安全系统工程［M］.北京：中国劳动社会保障出版社，2007.

［16］邵辉.系统安全工程［M］.北京：石油工业出版社，2008.

［17］汪元辉.安全系统工程［M］.天津：天津大学出版社，1999.

［18］吴学彬.HAZOP/事故树综合安全评价模型研究与实现［D］.大连：大连理工大学，2010.

［19］徐聪慧.某行政区事故隐患数据挖掘及排查治理重点研究［D］.北京：首都经济贸易大学，2021.

［20］徐志胜，姜学鹏.安全系统工程［M］.北京：机械工业出版社，2019.

［21］许素睿.安全系统工程［M］.上海：上海交通大学出版社，2015.

［22］张景林，崔国璋.安全系统工程［M］.北京：煤炭工业出版社，2009.

［23］章东明.安全评价方法及应用［M］.北京：清华大学出版社，2024.

［24］朱琳.基于GRA-AHP的北京市生产型企业安全生产指数研究［D］.北京：首都经济贸易大学，2018.

［25］ANEZIRIS O N，PAPAZOGLOU I A，BAKSTEEN H，et al. Quantified risk assessment for fall from heights［J］. Safety Science，2008，46（2）：198–220.

［26］ANEZIRIS O N，PAPAZOGLOU I A，KALLIANIOTIS D. Occupational risk of tunneling construction［J］. Safety Science，2010，48（8）：964–972.

［27］ERICSON C A. Hazard analysis techniques for system safety［M］. Hoboken，New Jersey：John Wiley & Sons，Inc.，2016.

［28］COOPER G F，ERSKOVITS E. A Bayesian method for the induction of probabilistic networks from data［J］. Machine Learning，1992，9（4）：309–347.

［29］DEPARTMENT OF DEFENSE（DOD）. Department of Defense standard practice system safety（MIL-STD-882E）［S］. 2012.

［30］Dhillon B S. Reliability，maintainability，and safety for engineers［M］. CRC Press，2020.

[31] FURUTA H，SHIRAISHI N. Fuzzy importance in fault tree analysis [J]. Fuzzy Sets and Systems，1984，12（3）：205–213.

[32] HE Q C，LI W，FAN X M，et al. Driver fatigue evaluation model with integration of multi–indicators based on dynamic Bayesian network [J]. IET Intelligent Transport Systems，2015，9（5）：547–554.

[33] METIN C A，SEYED M L B，JIN W B. A risk–based modelling approach to enhance shipping accident investigation [J]. Safety Science，2010，48（4）：18–27.

[34] MICHAEL A. Safety analyses of complex system [M]. John Wiley & Sons，2010.

[35] KONSTANDINIDOU M，NIVOLIANITOU Z，KIRANOUDIS C，et al. A fuzzy modeling application of CREAM methodology for human reliability analysis [J]. Reliability Engineering & System Safety，2006，91（6）：706–716.

[36] KHAKZAD N，KHAN F I，AMYOTTE P. Dynamic risk analysis using bow–tie approach [J]. Reliability Engineering &System Safety，2012，104：36–44.

[37] SIGNORET J P，LEROY A. Reliability assessment of safety and production systems [M]. Springer Nature，2021.

[38] USA FAA. System safety handbook. 2000.

[39] CHEN W Y. A quantitative fuzzy causal model for hazard analysis of man–machine–environment system [J]. Safety Science，2014，62：475–482.

[40] LI Y F，ZIO E. Reliability analysis，safety assessment and optimization：Methods and applications in energy systems and other applications [M]. John Wiley & Sons，Inc，2022.